新农村建设实用技术丛书

桃 李 杏 樱桃贮运保鲜

科学技术部中国农村技术开发中心
组织编写

中国农业科学技术出版社

图书在版编目(CIP)数据

桃李杏樱桃贮运保鲜/王善广编著.—北京：中国农业科学技术出版社，2006.10
(新农村建设实用技术丛书·农产品加工系列)
ISBN 7-80167-986-5

Ⅰ.桃… Ⅱ.王… Ⅲ.①水果-贮运 ②水果-食品保鲜 Ⅳ.S662.09

中国版本图书馆CIP数据核字（2006）第144357号

责任编辑 徐 毅 左月秋
责任校对 贾晓红 康苗苗
整体设计 孙宝林 马 钢

出版发行 中国农业科学技术出版社
北京市中关村南大街12号 邮编:100081
电 话 (010)68919704(发行部)(010)62189012(编辑室)
(010)68919703(读者服务部)
传 真 (010)68975144
网 址 http://www.castp.cn
经 销 者 新华书店北京发行所
印 刷 者 中煤涿州制图印刷厂
开 本 850 mm×1168 mm 1/32
印 张 6.125
字 数 156千字
版 次 2006年第一版 2012年8月第1版第18次印刷
定 价 9.80元

《桃 李 杏 樱桃贮运保鲜》编写人员

王善广　编著

序

丹心终不改，白发为谁生。科技工作者历来具有忧国忧民的情愫。党的十六届五中全会提出建设社会主义新农村的重大历史任务，广大科技工作者更加感到前程似锦、责任重大，纷纷以实际行动担当起这项使命。中国农村技术开发中心和中国农业科学技术出版社经过努力，在很短的时间里就筹划编撰了《新农村建设系列科技丛书》，这是落实胡锦涛总书记提出的“尊重农民意愿，维护农民利益，增进农民福祉”指示精神又一重要体现，是建设新农村开局之年的一份厚礼。贺为序。

新农村建设重大历史任务的提出，指明了当前和今后一个时期“三农”工作的方向。全国科学技术大会的召开和《国家中长期科学技术发展规划纲要》的发布实施，树立了我国科技发展史上新的里程碑。党中央国务院做出的重大战略决策和部署，既对农村科技工作提出了新要求，又给农村科技事业提供了空前发展的新机遇。科技部积极响应中央号召，把科技促进社会主义新农村建设作为农村科技工作的中心任务，从高新技术研究、关键技术攻关、技术集成配套、科技成果转化和综合科技示范等方面进行了全面部署，并启动实施了新农村建设科技促进行动。编辑出版《新农村建设系列科技丛书》正是落实农村科技工作部署，把先进、实用技术推广到农村，为新农村建设提供有力科技支撑的一项重要举措。

这套丛书从三个层次多侧面、多角度、全方位为新农村建设提供科技支撑。一是以广大农民为读者群，从现代农业、农村社区、城镇化等方面入手，着眼于能够满足当前新农村建设中发展生产、乡村建设、生态环境、医疗卫生实际需求，编辑出版《新农村建设实用技术丛书》；二是以县、乡村干部和企业为读者群，着眼于新农村建设中迫切需要解决的重大问题，在新农村社区规划、农村住宅设计及新材料和节材节能技术、能源和资源高效利用、节水和给排水、农村生态修复、农产品加工保鲜、种植、养殖等方面，集成配套现有技术，编辑出版《新农村建设集成技术丛书》；三是以从事农村科技学习、研究、管理的学生、学者和管理干部等为读者群，着眼于农村科技的前沿领域，深入浅出地介绍相关科技领域的国内外研究现状和发展前景，编辑出版《新农村建设重大科技前沿丛书》。

该套丛书通俗易懂、图文并茂、深入浅出，凝结了一批权威专家、科技骨干和具有丰富实践经验的专业技术人员的心血和智慧，体现了科技界倾注“三农”，依靠科技推动新农村建设的信心和决心，必将为新农村建设做出新的贡献。

科学技术是第一生产力。《新农村建设系列科技丛书》的出版发行是顺应历史潮流，惠泽广大农民，落实新农村建设部署的重要措施之一。今后我们将进一步研究探索科技推进新农村建设的途径和措施，为广大科技人员投身于新农村建设提供更为广阔的空间和平台。“天下顺治在民富，天下和静在民乐，天下兴行在民趋于正。”让我们肩负起历史的使命，落实科学发展观，以科技创新和机制创新为动力，与时俱进、开拓进取，为社会主义新农村建设提供强大的支撑和不竭的动力。

中华人民共和国科学技术部副部长 刘燕华

2006年7月10日于北京

目　录

一、绪　论

（一）果品贮藏业的重要性

桃、李、杏、甜樱桃等，同属于核果类。桃是我国北方的重要水果，也是国内外消费者比较喜欢的水果。但是桃、李属呼吸跃变型果实，采收期正值高温季节，采后很易软化腐烂；在低温下易发生冷害，冷害后的桃、李、甜樱桃风味和质地变劣，失去商品价值。

桃、李、杏、樱桃等在果实发育及采后生理方面有共同的特点。因为果实中含有硬核，所以出现双 S 型的果实生长曲线。其果实呼吸强度大，都有呼吸高峰，所以同属呼吸跃变型果实。这决定了对它们可采用基本相似的贮运保鲜技术措施。但因树种和品种不同，所采用的贮运保鲜技术又有所区别。桃、李一般分早、中、晚熟品种，且早熟与晚熟相差很大，早熟的春蕾桃在山东 5 月上旬即可成熟，而晚熟的冬桃则在 11 月才成熟。早熟李在山东于 6 月初成熟，黑宝石则在 10 月底成熟。但桃和李子其他优良品种的成熟期则相对集中于 7～8 月间。杏和樱桃早熟与晚熟品种成熟期相差比较少，相对集中，所以不可避免出现“旺季烂、淡季断”的不良现象，这就要求提高各类品种的贮运保鲜技术水平，延长市场供应期，提高果农的收入。

新鲜水果已成为人体营养必需品。国际卫生组织提出每人每年需要 45 公斤水果保持健康水平。欧洲国家、美国、日本等先进国家人均水果年消费量都在 100 公斤以上。我国地跨温带、亚热带、热带，各种水果资源非常丰富。但由于采收、包装、贮藏、保鲜、运销处理，没有达到商品化的要求，腐烂损耗十分严重。中国的桃子运到新加坡受到当地华人的欢迎，但是运输保鲜还存在一定的问题。因此，振兴我国的水果产业，必须发展名特优品种，同时要求发展现代化的采收、分级包装、贮藏、运销、防腐、保鲜、商品化的处理，方能在国内外市场上具有商品竞争优势。特别是桃、李、杏和樱桃，给大多数人的印象是：容易腐烂，不能长期贮藏等。实际上，它们当中的一部分品种可以贮藏并能够创造出巨大采后贮藏增值的奇迹。1998 年辽宁盖州市熊岳的一个微型节能冷库，贮藏的晚熟的油桃就创造出了很大的经济效益。当年只贮藏了 10 000 公斤的晚熟油桃，直接经济效益为 70 000 元。这样的例证很多。随着贮藏研究和实践的发展，相信大家也能够创造出同样好的经济效益来。

在我国发展农产品贮藏保鲜产业，实现果品蔬菜产业化集约化经营还有一定的难度，应该根据我国经济发展的现实水平和我国社会、经济的特点，从我国的现实国情出发。

我国水果的采后保鲜和商品化处理事业，随着农村经济改革和水果市场的逐步形成，已有了发展。“六五”、“七五”中有关果蔬采后理论和技术国家重点攻关项目的完成，使水果的采后保鲜和处理有了一批符合我国国情的科研成果。但是，从水果采后整体上看，水果商品化的状况相对滞后是客观存在的，已经成为提高水果经济效益的限制因素。

水果，作为一种有生命特征的商品，它的商品价值取得，仅仅依靠采前努力是远远不够的，只有经过采后处理，才能使生产出来的“产品”转变为“商品”，在高效快速的流通中更好地体现其价值。市场经济的客观界定，使缺乏商品性的“产品”，即使“产品”的内在质量很好，也只能处于低水平、低效益的地位，而不能走向大市场、大流通，更不用说走出国门了。

水果采后现代化体系的建立必须加速对现有科研成果的实用性鉴定并推广应用，在应用中不断完善，不断创新，更具重要意义的是需要全社会各行各业的共同协作，将水果采后的经营管理水平提高到以信息为中心，以规范化的市场为依托，建立能指挥和组织高效快速流通的现代水果销售系统，使产、供、销一条龙的目标具体落实和运作起来。

目前，我国水果贮藏保鲜主要依靠现有的技术。近年来国外的果蔬冷藏及气调贮藏技术已经非常完善，高效的冷链系统在欧美各国已经建立。在气调库中，不仅温度、湿度、气体成分能得到有效的控制，而且这些参数能根据果实的成熟状况而自动调整，从而使果品的贮藏期和保鲜度有了很大提高，在市场上具有很强的竞争力。例如，我国的富士苹果在品质、口感等方面均优于美国的蛇果，但由于我们的采收、分级、预冷、打蜡、包装等贮藏过程不尽如人意，产品缺乏市场竞争力，在国外超市上多摆蛇果而少有富士。我国加入WTO，市场竞争更为激烈，如果我们现在还不重视果品贮藏保鲜问题，不仅难以占领世界市场，就连国内市场也会丢失。

在我国发展农产品保鲜产业，应该大力提倡产地贮藏保鲜。现阶段应走“以材料保鲜为主导，以节能设施为基础”（即以保鲜膜、保鲜剂和节能保鲜设施来创造良好的保鲜环境，发展农产品保鲜产业）的，低投入、低能耗、高效益的道路。产地搞贮藏保鲜，就地对农产品进行保鲜加工，可以较好地保持农产品鲜活的品质，有效地减少农产品的产后损失；既可较充分地利用农村的劳动力，又利于农村的产业结构调整，使农产品增值，使农民增收。鉴于现阶段我国经济正在全面发展，财力并不宽裕，暂不可能像发达国家那样，在农产品采后环节大量投资，全面实现冷链、气调，我们必须从现实出发，依靠科技，吸取国外先进经验，实行土洋结合，走少花钱、多办事的道路。现阶段我国的能源还不充足，而且能源价格较高，再加上农产品的价格不高，如果没有高价位市场的支撑，大量耗能的保鲜技术还难以维持。我们必须充分利用自然冷源代替部分机械制冷，尽可能地以自发气调代替标准气调，减少保鲜产业的能源消耗。在我国发展农产品保鲜应以家庭经营形式为基础。由于我国几千年封建思想和小农经济的影响，目前在家庭为经营单位占绝大多数的农村，发展农产品保鲜产业，应该把以家庭为主的经营单位作为产业的基础，积极发展家庭生产、贮藏专业户。在这个基础之上，以市场为导向，以利益为纽带，以社会化的配套服务为聚结剂，大力发展为农户服务的农产品运销组织，逐步实现产、贮、运、销由松散到紧密的结合，实现有中国特色的集约化、规模化的农业产业化体系。发展农产品保鲜应与可持续发展农业、生态农业相结合。

农产品贮运保鲜的意义在于：我国农业已经进入了一个新的发展时期。随着科技发展，许多农产品的产量已由供应不足到相对过剩；随着经济发展和改革，我国农村经济正在由传统的计划经济向社会主义市场经济转变，农业经济增长方式正由粗放型向集约型转变。同时，我国已加入世界贸易组织（WTO），我国农业又面临着入世后带来的冲击和挑战。为适应新的发展形势实现农村经济的“两个根本转变”，我国农业正在进行产业结构调整并向产业化发展。市场经济和农业产业化都要求以市场为导向，使农产品按社会需求规律进入市场，实现其价值；但在我国农村，目前尚未建立起较正常的市场机制，农产品在生产淡季脱销、旺季滞销，损失严重的现象经常发生。农民和农业在承受自然风险的同时，又要承受市场风险；再加上近年来农产品产量不断增加，不少产品出现了结构性过剩，价格不断下降，农民收入增长缓慢，甚至出现负增长，生产积极性难免受挫。面对这种新形势，如何使农产品变成商品、进入流通，使农产品增值、农民增收，就成了我们必须认真研究的问题。产后贮运保鲜恰恰是农产品变成商品进入市场、参加大流通的关键环节，又是向农业生产注入更多的科技含量，使农产品增值、增效，使农民增收，使农业生产增长方式由粗放型向集约型转变的重要措施。发展农产品贮运保鲜，不但能够增加农民的收入，而且对调整农业产业结构、实现农业经济的两个根本转变和发展农业产业化都具有重要作用。

贮运保鲜是农产品由初级产品转化成商品的重要环节，许多农产品，尤其是蔬菜、水果、水产品等，大多是以鲜活形式上市的。这些农产品含水量高，营养丰富，极易腐烂变质，若不在产后及时进行保鲜加工处理就上市，不但不能体现其应有的商品价值，而且会带来不应有的损失。农产品贮运保鲜正是农业生产和市场的中间环节，用农产品贮运保鲜技术把农业生产——贮运保鲜——市场串起来，就能以市场为导向，以经济利益为主线，组织起千千万万的家庭经营户，大规模地进行生产、贮运保鲜、销售，实现农业生产的产业化。在发达国家对农产品生产不仅有一整套的质量要求，而且非常重视农产品的产后处理，将约70%的农业投入用于产后环节，对鲜活农产品都要经过一系列的保鲜、加工、包装等商品化处理，并基本上实现了“冷链”（从采收后至销售，各贮运环节均处于低温条件下）、“气调”（调节贮藏环境的气体成分，降低氧气浓度，提高二氧化碳浓度）；使它们在贮运、流通过程中能够很好地保持其商品性，并由此取得了预期的经济效益。

过去，我国特别重视如何提高农产品的产量，对农业的大量投入，主要用于基本生产条件和产中环节的改善，以求提高产量，满足人民的基本需要；而对农产品产后贮运保鲜的重要性和贮运保鲜技术没能给予足够的重视，致使我国目前农产品绝大多数仍以初级产品的形式上市，缺乏作为商品所应具备的一系列要素，难以成为真正的商品，进入市场，进行大流通。

我国幅员辽阔，农产品的主要销售市场又不在产地，没有经过保鲜处理的农产品，尤其是鲜活农产品，难以保持其良好的外观和新鲜程度，不能较好地适应市场流通的需要，难以在市场上流通、增值，得到预期的经济效益；特别在我国加入世贸组织（WTO），面临世界市场竞争的今天，农产品产后保鲜就显得更重要了。现在，我国蔬菜年产已超过 4 亿吨、水果年产超过 6 000多万吨，销售竞争日益激烈，延长这些鲜活产品的保质期限，使它们在贮运过程直至销售都保持良好的商品性状，便成为当务之急。目前，无论果品、蔬菜，因为没有配套的采后保鲜处理而大量损失的例子，在我国不胜枚举。这些都极大地挫伤了生产者和经营者的积极性。

不解决农产品产后的贮运保鲜问题，就难以保证农产品的异地销售和非产季供应，难以使农产品成为商品，进入市场，进行大流通。为了适应经济“两个根本转变”的要求，除了抓好农产品产前和产中的优质化、标准化之外，采后的贮运保鲜问题就成了使农产品成为商品，走向市场，进入流通，实现增值增效的关键措施。

（二）贮运保鲜的根本任务

贮运保鲜的根本任务是减少采后农产品的损失。据有关部门统计，目前我国粮食贮藏早已改变了国有粮库贮藏为主的格局，农户贮藏的粮食已远远超过国有粮库的贮量，即约有 80% 的粮食贮存在农村；但农村因缺少贮粮技术，平均损失率为 14.8%。也就是说，若按我国现有粮食生产水平，每年仅农村贮粮损失即近 600 亿公斤，超过了我国“九五”期间努力增产的粮食数量。我国水果和蔬菜的采后损失更大，粗略估计水果的产后损失率在 20% ~25%，蔬菜的产后损失率在 25% ~30%。若按现有生产水平计算，仅蔬菜年损失量就超过 1 亿吨，水果和蔬菜的损失就价值人民币上千亿元！另外，水产品、畜禽产品等的产后损失率也都不低。对于人均农业资源和农业投入都很紧缺的我国，实在是太大的浪费。而在发达国家借助有效的贮藏保鲜技术和较完善的贮运设施，可以使粮食产后损失率不到 1%，水果和蔬菜的采后损失率只为 1.7% ~5%。如果我们把农村贮粮的损失率降到

5%，即相当于增加了近400亿公斤的粮食产量；如果把水果和蔬菜的产后损失率降到10%，就相当于增产水果和蔬菜6 000万~7 000万吨。可见我国目前农产品贮运保鲜所具有的潜力和意义。

贮运保鲜可大幅度增加农产品附加值和农民收入，目前我国农民主要以自己的初级产品出售，价格低廉。贮运保鲜可以大幅度提高农产品的产值，是农业增效、农民增收的重要手段，也是农业资金积累的重要途径。

目前，我国经过产后处理的农产品数量过少，尚未形成一定的规模，这是农产品产值低的一个重要原因。实际上，我国农产品经产后贮运保鲜处理增值幅度也很可观，像浆果等不易贮运或不易反季节栽培的瓜果，若经过贮运保鲜处理，长途运输或贮过生产旺季以后，增值效果非常明显。农产品贮运保鲜对农民增加收入的作用也很大。例如，据天津市汉沽区对葡萄贮藏专业户调查，每贮1公斤葡萄，最低获利2元左右，最高可达10元左右。又如辽宁省北宁市常兴店镇荒地村有种植葡萄和按常规方法贮藏葡萄的优势，他们从1995年开始兴建第一座微型节能冷库贮藏保鲜葡萄，当年全村人均收入3 000元；到1998年，全村80多户人家，建成微型节能冷库90多座，主要用于葡萄保鲜贮藏，使人均年收入超过了10 000元。

（三）桃栽培及贮运保鲜的历史地位

桃，为蔷薇科（Rosaceae）李属（Prunus）植物。生产上最重要的栽培种是普通桃（Prunus persica Stoke）。该种栽培品种最多，分布最广。

桃果实每100克果肉中，含糖7~15克，有机酸0.2~0.9克，蛋白质0.4~0.8克，脂肪0.1~0.5克，硫胺素0.01~0.02毫克，核黄素0.2毫克，抗坏血酸3~5毫克。

桃原产于我国黄河上游海拔1 200～2 000米的高原地带，是我国最古老的果树之一。我国桃的栽培历史已有3 000年以上。世界各国栽培的桃先后由我国引入，或经品种选育后进行栽培，如今桃的栽培已遍及世界各地。

世界桃产量分布，欧洲最多，美洲次之，亚洲占第三位。我国是桃产量较多的国家之一。我国桃经济栽培，北限为秦皇岛、北戴河一带，即所谓“桃不过长城”；南至四川、湖南一线。广东、深圳一带，桃常表现徒长而不健壮。山东是我国产桃大省，名产很多，如肥城佛桃、青州蜜桃、中华寿桃等。

桃树适应性强，结果早，见效快，栽培普遍。我国是桃的原产国，有丰富的品种资源，如“上海水蜜”早已名扬海内外。据考证：当今桃产量居世界首位，品种选育多以美国1850年和1857年两次引入上海水蜜经实生选出Elberta和JH. Hale两个品种作为现代桃育种的基础品种，因此，也带来了美国桃树业的飞速发展。目前美国栽培品种Redhaven就是上海水蜜桃的后裔。日本在明治4年(1872年)引入上海水蜜经实生驯化与改良形成了当时的栽培品种，如大久保、白凤等鲜食白桃以及罐桃5号、丰黄等黄肉加工品种。正如一位日本访问学者所言：“你们的桃是我们的祖先，我们的桃是你们的子孙”。的确，中国桃品种资源为世界桃树业的发展，作出了卓越的贡献。

桃原产于中国，各类种质，栽培品种、类型、野生、半野生及抗原材料十分丰富，历来为世界果树工作者关注，1988、1997年两次国际园艺学会在中国召开，把桃资源列为重点研讨内容，国外果树作者多次提出交流，利用资源的意向。我国也十分重视资源的收集、保存，拨专款在郑州、南京、北京建立了3个国家级桃种质资源圃，收集、保存材料千余份，并对主要农艺性进行了全面系统的管理、评价，为资源的研究、应用提供了科学依据。

桃的优点是生长发育迅速，效益快，产量可观，而缺点是不耐贮运。因此，除制罐品种外，鲜销品种，靠早中晚熟品种搭配，按成熟期排开供应，靠贮藏保鲜及保护地栽培延长供应期。桃晚熟品种有晚熟肥城佛桃、青州蜜桃、昌邑冬桃、中华寿桃等。晚熟品种桃近年来贮藏量不断加大，特别是一些新品种晚熟桃贮藏性能是很可观的。例如，中华寿桃、青州蜜桃及晚熟油桃等都是耐贮运的品种。2001 年山东莱西、莱阳、莱州等地年贮藏中华寿桃已超过 500 万公斤。

（四）李栽培历史及贮运保鲜意义

李是我国最古老的果树树种之一。据古籍记载，李大约有 3 000 多年的栽培历史。如《诗经》载："丘中有李，彼留之子"；《管子》载："五沃之土，其木宜梅李"。据《中国果树史与果树资源》记述，分布在世界各地的李属植物，绝大多数都是原产我国。其中，中国李（Prunus salicina Lindl.）是同属中最古老、最庞大的家族。

北魏时代的贾思勰也曾在他撰写的《齐民要术》里描述了李的树性和使其多结果的措施。"李性耐久，树三十年，虽老枝枯，子亦不细"。这就是说，李寿命长，能生存 30 年，树老后小枝虽有枯死，但所结之子也不小。又如，"正月初一或十五日，以砖石着李树歧中，令实繁"。这是说，以砖石放置于李树枝杈分杈之间，使其结果多。用今天整形修剪学的观点解释，在李树枝直立并旺长的枝杈间放置砖石，有利于开张角度，增加内膛光照，能抑制生长势，有利于由营养生长转化为生殖生长，故可以多形成花芽，多结果实。

李与桃、杏、梅同属核果类果树，相同之处颇多，前人曾作过详细观察记载，它们的共性是树冠较小，宜密植，根系浅，不宜用犁耕；易丰产，但容易出现大小年结果现象。

李原产我国长江流域，优良品种多出于江淮地区。浙江桐乡的传统名果——携李，“始见于东周”，据《携李谱》记载，春秋吴越相争时，越国陈兵于石门以拒吴，筑土城五口。盛产携李的桃园头也筑城一座，地以果名，称携李城。书中对携李的食用成熟度标准以及气候条件对开花、结果的影响，都做了详尽的描述。

李是温带果树中对风土适应性很强的树种之一。三华李、芙蓉李和携李，可以在高温、潮湿的南方生长发育；大紫李、东北美丽、绥棱红等，能在 -30 ~ -40℃的北国高寒地区栽培。在我国，各地都有李的分布。以河北、河南、山东、安徽、山西、江苏、湖北、湖南、江西、浙江、四川、广东、辽宁等地栽培较多。如河南的济源、辽宁的锦西等地都是李子的主要商品基地。浙江的嘉兴、桐乡、镇海，江苏的南京，安徽的萧县，是我国李的著名产区。

李是优良的鲜食和加工用的果品。其果实含糖量 7% ~ 17%，酸 0.16% ~2.29%，单宁 0.15%。每 100 克果肉中含水分 90 克，蛋白质 0.5 克，脂肪 0.2 克，碳水化合物 9 克，胡萝卜素 0.11 毫克，硫胺素 0.01 毫克，核黄素 0.02 毫克，尼克酸 0.3 毫克，维生素 C 1 毫克，钙 17 毫克，磷 20 毫克和铁 0.5 毫克等。李果富含营养物质，味甜，多有香气，虽不耐贮藏，但成熟期相差很远，可以延长供应季节，满足市场对鲜果的需要。近年来，随着人民生活水平的不断提高，对李果的需求量越来越大。

李在全世界都有广泛栽培。据美国农业部 20 世纪 70 年代统计资料，欧洲所产的李果与李干约为美国的 4 倍。法国、意大利、奥地利、英国、西班牙、土耳其、阿根廷和日本的李果产量，也都有相当数量。罗马尼亚果园中栽植的李树占果树总数的 51%，李果产量占果树总产量的 55%。

李虽是我国古老的果树树种，但是长期以来，这座得天独厚的李树资源宝库并未在农业生产和商品经济中充分发挥作用。进入20世纪80年代以来，李树生产和科学研究越来越受到果树工作者和果农的重视。国家有关部门已经下达任务，要求有关科研机关以及各产区，都要重视李果资源的挖掘、收集、保存和利用工作，积极选择并引进地方优良品种，开展杂交育种，以便不断提高供鲜食和加工的优良品种及其砧木类型。据20世纪我国果树生产发展预测，我国果树发展主要指标中李的栽培面积、单位面积产量，以及总产量，都要求成倍、数十倍地增长，而且要求尽快更新，普及旱地李园栽培技术，推广节水灌溉工艺，加强病虫害防治，改进贮藏、运输条件，提高加工设备水平和能力。现阶段一方面部分地区的个别品种已出现见果伤农的现象；另一方面，一些新品种的选育和引进也给果农带来丰厚的利润，例如黑琥珀李、黑宝石李等，采收时价格5～14元/公斤不等，效益很好。所以这一类品种的栽培面积和产量正迅速扩大，接踵而来的是对贮藏运输保鲜技术的需求，所以研究其采后生理及保鲜技术显得尤为重要。

（五）樱桃栽培历史及贮运保鲜的意义

樱桃在落叶果树中果实成熟最早，为“百果之先”。正在春末夏初果品市场上新鲜果品青黄不接的时期，樱桃填补了鲜果供应的空白，对丰富市场、均衡果品周年供应、满足人民消费需要方面起着重要的作用。

樱桃果实色泽鲜艳，玲珑晶莹，果肉柔嫩多汁，甜酸可口，营养丰富，外观和内在品质皆佳，被誉为“果品珍品”。据分析，每100克可食部分中含碳水化合物12.3～17.5克，其中糖分11.9～17.1克；蛋白质1.1～1.6克；有机酸1.0克；含多种维生素，胡萝卜素为苹果含量的2.7倍，维生素C的含量超过苹果和柑橘；含较多的钙、磷、铁，其中铁的含量在水果中居首位，比苹果、梨、柑橘高20多倍。

樱桃还有药用价值，其果实、根、枝、叶、核皆可药用，叶片和枝条煎汤服用可治疗腹泻和胃痛。老根煎汤服用可调气活血，平肝祛热。种子油中含亚油酸 8% ~44%，为治疗冠心病、高血压的药用成分。樱桃果实有促进血红蛋白再生作用，贫血患者、眼角膜病者、皮肤干燥者多食甚为有益。

樱桃果实的生长发育期短，其间很少打药或不打药，因此，果实不易被农药污染，是真正的“绿色食品”。樱桃果实一般用于鲜食，也适宜加工制成糖水樱桃罐头、樱桃汁、樱桃酒、樱桃脯、樱桃酱、樱桃羹、樱桃干、什锦樱桃等 20 余种产品。近几年鲜果及其加工制品每年都有一定量出口，产品供不应求。

樱桃花期早，是早春的蜜源植物，可促进早春蜂群的繁殖和发展。樱桃树姿秀丽，花朵茂盛，果实绯红犹如玛瑙、宝石，甚为美观，加上没有蚜虫危害，病虫害较少，是园林绿化发展庭院经济优良树种。

欧洲甜樱桃(Prunus avium L.)又称大樱桃或甜樱桃，原产亚洲西部和欧洲东南部，在公元前 1 世纪罗马帝国即开始栽培，公元 2 ~3 世纪传到欧洲大陆各地，以德国、英国、法国最为普及，16 世纪开始正式经济栽培，17 世纪中叶传到南非，18 世纪初引入美国，1874 ~1875 年日本从美国和欧洲引进甜樱桃，目前，世界上甜樱桃已广泛栽培。除欧洲各国普遍栽培外，北美的美国、加拿大，南美的智利、阿根廷，大洋洲的澳大利亚、新西兰，东亚的日本、中国、韩国以及南非、以色列等均有栽培和发展。

我国甜樱桃栽培开始在 19 世纪 70 年代，据《满洲之果树》(1915 年) 记载，1871 年美国传教士倪维思引进首批 10 个品种的大樱桃栽于烟台的东南山；1880 ~1885 年烟台莱山区槚岚村的王子玉从朝鲜引进那翁品种；1890 年又有芝罘区朱家庄村的朱德悦通过美国船员引进大紫品种，这些品种到民国初期传到山东沿海各地。辽宁大连的甜樱桃主要是 20 世纪初由日本引入。

目前我国甜樱桃分布主要集中在渤海湾沿岸，以烟台市和大连市郊区为最多。山东省是我国甜樱桃栽培面积最大、产量最多的一个省，除烟台市各区县外，青岛、威海、济南、日照、淄博、潍坊、枣庄、泰安、临沂等地也有分布。辽宁省集中分布在大连市的金州区和甘井子区。河北省主要分布在秦皇岛市山海关区，北戴河区及昌黎县。此外，北京、河南、山西、陕西、内蒙古、新疆、湖北、江西、四川等十几个省、自治区、直辖市也都有引种和栽培。

欧洲甜樱桃在我国虽然发展较快，但比世界各地的产量还是相差很多。据国际鲜果贸易杂志《EUROFRUIT》（1987）报道，世界大樱桃年产量约239万吨，其中2%在南半球，仅南非、澳大利亚、新西兰、智利、阿根廷有少量栽培，其他98%在北半球。欧洲的产量占世界总产量81%，北美洲占13%，亚洲占4%。据不完全统计，目前我国甜樱桃总面积约6万亩，总产量约5 000吨，其中烟台市有4万多亩，约占全国总面积的2/3，年产量为3 500吨，约占全国70%。但这和世界甜樱桃主要生产国相比，无论在种植面积还是在产量方面都有很大的差距。

我国大樱桃栽培面积很少，主要产于山东的福山、牟平、烟台、龙口、威海、青岛、莱阳；辽宁的旅大、金县；河北的北戴河、昌黎以及新疆的塔城、阿克苏、喀什等地。其中山东的福山区现有大樱桃2 267平方公顷，约占全国大樱桃总面积的一半。此外，北京、四川、河南、安徽、江苏等地也有所发展。各地栽培的大樱桃约有10余个品种，其中栽培较多的是日出、那翁、大紫、滨库、鸡心和红灯等品种。

近年来，我国大樱桃栽培产地也在不断扩大。以山东省为例，70年代前生产区一直是胶东地区；70年代中期后，鲁中各地泰安、肥城、邹平、平邑、枣庄等地开始从胶东引种栽培，已初见成效。商品产量在10～15吨/年。鲁中各地引种的“大紫”甜樱桃，成熟期在5月18日前后，较烟台（6月上旬成熟）提前2~3周，进一步体现了早熟性，比胶东沿海更能获利。其他一些地区也在适宜的地段作引种试验，相信大樱桃栽培面积近期内将有较大的发展。

另一个推动大樱桃发展的因素是，在以苹果、梨、桃等为主的果品老产区，近年越感到果树树种和品种结构不甚合理。例如山东省胶东地区，苹果、梨面积过大，干杂果面积较大，收获后销售压力大，经济效益低。调整树种、品种结构势在必行。我国大樱桃栽培面积本来就不多，近年樱桃销路极好，价格居高不下，这无疑促进了樱桃的发展。另外，最近几年大樱桃保护地栽培取得进展，而且价格要比露地栽培高出数倍甚至数十倍，各地也相继开展保护地栽培。这样一来，大樱桃栽培将突破自然分布的地域界限，有可能在过去自然条件下不宜栽培的地区，通过保护设施改变生态环境，打破传统的界限，使大樱桃能在更广的地区栽培。

樱桃是我国栽培历史悠久的果树，有着丰富的栽培品种资源，深受人们所喜爱。近年来，随着改革开放，经济发展和人民生活水平的提高，樱桃生产有很大发展，栽培面积不断扩大，生产技术日臻成熟。但是，总的来看，樱桃发展极不平衡，生产中仍存在许多亟待解决的问题。

如前所述，樱桃虽然分布极广，但栽培地区却少而集中。就集中产区而言，也多是零星种植，不成规模，产量较低；加之贮运条件较差，仅能就地销售，经济效益较低。其次，多数老产区品种老化而杂乱，不能充分发挥土地资源的潜力。另外樱桃的市场均衡供应矛盾很大，由于贮藏性能、运输性能差，极大地影响其发展，所以引进和培育耐贮运的品种是十分必要的。同时加大对现有品种贮藏保鲜技术研究及采后生理研究已刻不容缓。

二、桃、李、杏、樱桃采后生理及贮藏特性

桃果采收后果实组织中果胶酶，纤维素酶，淀粉酶活性很强，这是桃果实采后在常温下很易变软、品质败坏的主要原因。特别是水蜜桃采后呼吸强度迅速提高，比苹果强1～2倍，在常温条件下1～2天就变软，低温及低氧或高二氧化碳可抑制这些酶的活性。因此，采后的果实应立即降温及进入气调状态，以保持其硬度和品质。桃对温度的反应比其他果实都敏感，采后桃在低温条件下呼吸强度被强烈地抑制，但易发生冷害。桃的冰点温度为-1.5℃，长期0℃下易发生冷害。冷害发生早晚及程度与温度有关，据研究表明，桃在7℃下有时会发生冷害，3～4℃是冷害发生高峰，近0℃反而小。冷害的桃果实细胞壁加厚、果实糠化、风味淡、果肉硬化，果肉或维管束褐变，桃核开裂，有的品种发苦或产生异味，但不同的品种其冷害症状不同，如（表1）。

表1　几种桃的冷害症状

熟期	品种	常温裸放天数	冷害表现	自然冷藏	保味天数	冷藏适应性
早	五月鲜	1	维管束褐变、糠化	无味	7	不适
早	六月白	1	维管束褐变、糠化	无味	7	不适
早	麦香	2	维管束褐变、糠化	无味	7～10	不适
早	津艳	3	维管束褐变、糠化	味淡	10～14	短期
中	大久保	2	果肉硬化味淡	味淡	20～30	短期
中	岗山白	1	果肉褐变	异味	10～15	不适
中	北京14	4	桃核开裂	发苦	1	不适
中	绿化3	1	果肉褐变异味	异味	10～15	不适
中	绿化9	4	果肉褐变但可控制	适口	35～45	适
晚	中秋	3	果肉褐变但可控制	适口	25～35	褐
晚	重阳红	5～7	桃核开裂	味淡	15～20	较适
晚	秋蜜	5～7	发硬	发苦	15～20	不适

李、杏等核果类果实采后生理特性与桃相似。

桃果实对二氧化碳很敏感，当二氧化碳浓度高于5%时就会发生二氧化碳伤害。二氧化碳伤害的症状为果皮褐斑、溃烂、果肉及维管束褐变，果实汁液少、果实生硬，风味异常，因此，在贮藏过程中要注意保持适宜的气体指标。桃果实表面布满绒毛，绒毛大部分与表皮气孔或皮孔相通，这使桃的蒸发表面增加了十几倍至上百倍。因而桃采后在裸露条件下失水十分迅速。一般在20℃相对湿度为70%条件下，裸放7~10天，失水量超过50%，失水后的果实皱缩，软化，重者失去商品价值。

（一）桃、李、杏、樱桃贮藏条件

1. 贮藏温度

桃、李、杏适宜贮藏温度为0~1℃，但长期在0℃下易发生冷害，目前控制冷害有几种方法，一种方法是间歇加温：如将桃先放在0~-0.5℃下贮藏15天后，升温到18℃贮2天，再转入低温贮藏如此反复。另一种方法是两种温度处理采后的果实：先在0℃下贮藏2周，再在5℃下贮藏。美国为了防止桃冷害，在0℃、1%二氧化碳、5%氧气条件下贮藏；气调贮藏期间，每隔3周或6周对气调桃进行一次升温，然后恢复到0℃；在0℃下贮藏9周出库，并在18~20℃下放置熟化，然后出售。这种方法比一般冷藏延长寿命2~3倍。间歇加温可降低呼吸强度、乙烯释放量、延缓或减轻冷害，同时温度升高也有利于其他有害气体的挥发和代谢，代谢活动增加后，可能更有利于冷害引起的代谢失调的纠正或修复。

2. 贮藏环境湿度

桃、李、杏、樱桃贮藏时，相对湿度控制在90%~95%范围之内。湿度过大易引起腐烂，加重冷害症状；湿度过低，引起过度失水、失重，影响商品性，从而造成不应有的经济损失。

3. 气体成分

桃在1%氧气、5%二氧化碳的气调条件下，贮藏期可加倍（温、湿度等其他条件相同情况下）。

3%～5%氧气，5%二氧化碳为李贮藏的适宜气调条件。但一般认为李对二氧化碳极敏感，长期高二氧化碳使果顶开裂率增加。

杏气调贮藏时，最适气体组成是2%～3%氧气，2%～3%二氧化碳。

樱桃适宜气体成分是3%～5%氧气，10%～25%二氧化碳。樱桃耐高二氧化碳，所以在运输时也采用高二氧化碳处理，从而抑制果品的呼吸强度，保持鲜度。

4. 桃、李、杏、樱桃采前农业措施

（1）贮藏用品种选择　早熟品种不耐贮运，如水蜜桃和五月鲜。中晚熟品种的耐贮运性较好，如肥城桃、青州蜜桃、陕西冬桃等较耐贮运，大久保、冈山白、燕红等品种也有较好的耐贮运性。离核品种、软溶质品种等的耐贮性差。李、杏的耐贮性与桃相似。李中牛心李、河北冰糖李等品种，品质好又耐贮藏。

（2）采前农业技术措施　采前农业技术措施对桃、李、杏贮藏性影响很大。在果实生长期间，加强病虫害防治可以减少贮藏中腐烂的发生。具体作法是在发芽前喷波美5度的石硫合剂；落花后半个月至6月间，每隔半月喷一次65%的代森锌可湿粉500倍或波美0.3度石硫合剂，均可防止真菌性病害的发生。施肥要注意N、P、K合理应用，N肥过多果实品质差、耐贮性差。多施有机肥的果园，果实的耐贮性好。用于贮藏的果实采收前7～10天要停止灌水，采前不能喷乙烯利。

钙渗透对甜樱桃果实采后生理的影响。减压渗透Ca^{2+}能明显增加果实中Ca^{2+}含量（表2），随着处理浓度增加果实中Ca^{2+}含量增加，但是$CaCl_2$溶液浓度过大反而影响Ca^{2+}吸收，而且果实表面出现凹陷黑斑。这可能是高浓度Ca^{2+}对果皮组织造成轻度盐害，对减压浸 Ca^{2+} 以4%～6%浓度为好。

表2　不同处理对甜樱桃中 Ca^{2+} 含量的影响

处理浓度	0%	0.5%	1%	2%	4%	6%	8%
Ca^{2+} 含量	8.00	10.22	12.91	16.70	31.22	67.00	58.60
(毫克·100克$^{-1}$FW)	f	f	e	d	c	a	b

注：不同字母表示差异显著，差异显著水平 $P=0.05$

Ca^{2+} 对果实中维生素C含量的影响。果实中 Ca^{2+} 对维生素C的氧化具有一定的抑制作用，随果实中 Ca^{2+} 含量增加这种抑制作用更加显著。

Ca^{2+} 对果实中可溶性固形物的影响。从（表3）看到，Ca^{2+} 对果实中可溶性固形物含量和变化没有影响。

表3　果实中可溶性固形物含量

处理	5月22日	6月1日	6月12日
0%	11.82 a	12.44 a	10.04 a
0.5%	12.00 a	13.40 a	10.89 a
1%	11.34 a	12.07 a	11.40 a
2%	12.40 a	12.90 a	10.90 a
4%	12.01 a	12.52 a	9.64 a
6%	11.28 a	11.94 a	10.18 a
8%	11.89 a	12.13 a	9.92 a

注：不同字母表示差异显著，差异显著水平 $P=0.05$

Ca^{2+} 对果实中PPO、POD活性影响，从（表4）可看到，在贮藏过程中，POD活性上升了6～7倍。而在整个过程中 Ca^{2+} 对POD活性都有抑制作用。其趋势为随果实中 Ca^{2+} 含量增加，抑制作用增加。当果实中 Ca^{2+} 含量在 31 ~ 68 毫克 · 100 克 $^{-1}$ FW, POD 活性较对照下降了 40% ~ 26%。

表 4　Ca^{2+} 对果实中 POD 活性的影响

（酶活性单位 · 克 $^{-1}$ FW）

处理浓度	0%	1%	4%	8%
5 月 22 日 POD 活性	2099.73	2099.73	2099.73	2099.73
6 月 1 日 POD 活性	1733.16a	1466.52 a	1169.48ab	975.32b
6 月 12 日 POD 活性	14647.7A	11658.33A	8710.67B	10809.05AB

注：不同字母表示差异显著，差异显著水平 $P = 0.05$

表 5　Ca^{2+} 对果实中 PPO 活性的影响

（酶活性单位 · 克 $^{-1}$ FW）

处理浓度	0%	1%	4%	8%
5 月 22 日 PPO 活性	73.70	73.70	73.70	73.70
6 月 1 日 PPO 活性	145.60a	57.70b	46.00bc	28.10c
6 月 12 日 PPO 活性	90.30b	52.60c	33.60c	21.10d

注：不同字母表示差异显著，差异显著水平 $P = 0.05$

5. 桃、李、杏、樱桃采收

果品的采收是将农产品向商品转化的最初一步，也是果品在以后贮藏中能否成功的一个关键环节。其中采收成熟度相当重要，用于不同目的果品采收成熟度不同，用于短期贮藏成熟度可较高，长期贮藏成熟度要较低。不同树种各有不同的采收成熟度要求。

(1) 桃采收时注意事项

采收成熟度：不同成熟度的桃子有其不同的特点。七成熟的桃子果实已充分发育，底色为绿色，但茸毛多、厚；八成熟的桃子底色变淡、发白、果实丰满、毛茸稍稀、果实仍稍硬，但已有些弹性；九成熟的桃子果皮乳白色、浅黄色毛茸稀，弹性大，有芳香味；十成熟桃子果皮已完全显示其特有的皮色，毛茸稀而易脱落。果肉因桃的类型、品种而有各种表现，肉溶质品种果肉柔软多汁，果皮易剥离不耐贮藏；硬肉桃能变绵，肉不溶，桃仍富有弹性。用于鲜食用的桃应在八、九成熟时采收。贮藏用的桃，可稍早些采摘，一般在七、八成熟采收，十成熟的桃不能用作贮藏，必须就近销售。

采收桃应于早、晚冷凉时进行；采摘时轻采轻放，防止机械伤，不能用手压果面，不能粗暴强拉果实，应带果柄采摘。一般每一容器（箱、筐）以不超过5公斤为宜，太多易挤压果品，引起机械伤。

（2）李采收要点　李果中以中国李品种为多，中国李果柄粗短，成熟时一般产生离层，要带果柄采收。李果果粉多，采收时应尽量避免多次操作，减少果粉的损失，以利于贮藏保鲜。贮藏用李必须适时早采，七、八成熟为宜。采收时间也应在早晚冷凉时，无露，采后不能淋雨，以免引起腐烂。

（3）杏、樱桃采收　杏及樱桃成熟期相对集中，完熟后几乎不能存放和运输。所以必须根据用途不同，适当早采；杏、樱桃都必须带果柄采收。为了放止贮运过程果柄的脱落，可在采收前喷钙，也可在采收后浸钙。常用的钙盐是氯化钙，浓度为1%～3%。采前定期对中国樱桃喷氯化钙溶液，可明显降低贮运时果实的腐烂、掉梗率、褐变指数。杏、樱桃的外包装应控制在2～2.5公斤以内，并留有通气孔。

6. 桃、李、杏、樱桃采后处理

（1）挑选　剔除受病虫侵染的产品和受机械伤的产品。受伤产品极易感染病菌并发生腐烂；同时又会从感病产品上散发大量病菌，传染周围健康的产品，因此，必须通过挑选来去除。挑选一般采用人工方法。量少时，可用转换包装的方式进行。量多，而且处理时间要求短时，可用专用传送带人工挑选。操作人员必须戴手套，挑选过程要轻拿轻放，以免造成新的机械伤。一般挑选过程常常与分级、包装等过程结合起来，以节省人力，降低成本。

（2）预冷

预冷的主要目的：迅速降低品温，降低呼吸强度，减少消耗；同时使果品品温能够尽早地达到贮运最适温度，以利于及早地运用塑料薄膜包装气调贮藏，不结露。如果果品的品温在3℃以上时，就易结露；结露对果品产生不良影响，易腐烂。

桃、李、杏、樱桃，一般都采用风冷法，预冷温度应以0℃为宜，不能过低，以免引起冷害。

7. 桃、李、杏、樱桃的贮藏方法

桃、李、杏采后在常温下易变软、腐烂，所以要进行低温贮藏，目前的贮藏方法有冰窖、冷库及气调贮藏和减压贮藏。

（1）冰窖贮藏　桃、李、杏采摘，经预冷后马上入冰窖中贮藏。桃应用筐或木箱装，在存放时一层压一层木箱。保持冰窖中的温度在1~-0.5℃，可以贮藏2~3个月。

（2）冷藏　预冷完的果实装入内衬桃或樱桃专用保鲜袋的纸箱中，放入乙烯吸收剂或气体调节剂、防腐保鲜剂，扎紧袋口，进行贮藏。贮藏时注意温度应控制在1~0℃。

（3）减压贮藏　减压贮藏可以抑制果实呼吸代谢，抑制乙烯生物合成，减少生理病害的发生，明显延长桃果实贮藏寿命。国外资料报道桃、杏、樱桃在102毫米汞柱大气压0℃下贮藏，贮藏期分别为93天、90天、93天。

8. 核果类果实的贮藏病害

桃贮藏过程中主要侵染性病害是桃褐腐病（菌核病）和桃软腐病（根腐病），果实在整个生长期均可被侵染，尤以近成熟期和贮藏期严重。这两种病主要为田间侵入，病菌从气孔、皮孔或伤口侵入，主要是通过伤口侵入。果实成熟时若多雨或雾，病情严重；果实在贮藏运输过程中，如遇高温高湿环境病害也会加重。常用防治方法：精细采收和处理，尽量避免产生机械伤口，减少采后侵染。采后迅速置于0℃左右低温下贮藏。注意果库通风，保证通风良好；采前用 CT－桃李液体保鲜剂喷布及采后浸果，可有效抑制贮藏过程中果实病害的发生。

9. 桃、李、杏贮藏工艺

（1）贮藏用的桃、李、杏应选晚熟品种，在七、八成熟时采收。

（2）采收时应注意以下几条：

①应带果柄采收。

②轻拿轻放。

③采收应选择晴天上午露水干以后或下午 15～16 点以后采收，中午及带露水采收不利贮藏。

④采收前 1 周桃、李、杏园禁止灌水。

⑤雨后采收的桃、李、杏不耐贮藏。

⑥严禁采前喷催熟剂。

⑦采前喷 CT-桃李液体保鲜剂及 0.5% 氯化钙可明显提高桃、李、杏的耐藏性，减少桃、李、杏的腐烂。

（3）入库之前库房要消毒。

（4）采后的果实经挑选后放入内衬桃、李、杏专用保鲜膜的纸箱或木箱中，每箱装量 10 公斤，迅速放入 0℃ 库中预冷。预冷时要注意：

①预冷库温以 0℃ 为宜。

②预冷时应打开袋口。

（5）当果温近 0℃ 时，放入桃、李、杏保鲜剂，扎袋贮藏。桃、李、杏保鲜剂应用量及使用方法：

预冷后（品温达 0～2℃），在果实上方直接放一张桃保鲜垫，将保鲜垫有字的一面向上，无字的一面接触桃果，然后扎紧保鲜袋口。

（6）贮藏过程中要注意库温保持在 0℃，波动范围要小于 0.5℃。

（7）出库之前果温要缓慢回升。

10. 大樱桃贮藏工艺

(1) 采前管理及采收　选择充分着色但尚未软化的成熟果实采收，采收时要带果柄人工精细采摘，采前2~3天下雨或采前一周内果园灌水的果实不耐贮藏。采前15天每隔7天喷布一次0.5%氯化钙溶液或大樱桃采前液体保鲜剂，可提高果实的耐藏性。

(2) 耐藏品种　选用晚熟品种，如拉宾丝、先特。

(3) 贮前准备　果实入库之前对库房进行消毒处理，消毒剂以CT高效库房消毒剂为佳，用量为5克/立方米，库温应在果实入库之前降至0~2℃。

(4) 采后处理　采收后的果实可直接在田间装入内衬大樱桃保鲜袋的箱中，每袋装量5公斤。同时均匀放入CT_2号保鲜剂，用量是1包/公斤，每包用大头针扎两个透眼。装箱前要剔出病果、虫果、过熟果及机械伤果，装箱后应马上置入0℃库，敞开袋口预冷。预冷时间约为10小时以上，以果温达到0℃时加入“黑药”，用量1包/公斤，注意药包不要直接接触果实，须用卫生纸包一下，然后扎紧保鲜袋口，置货架或码垛贮藏。

(5) 贮藏管理　在贮藏过程中，库温保持在0±0.5℃，相对湿度保持在90%~95%。

三、果蔬采前因素、采后生理对果蔬耐贮性的影响

（一）采前因素对耐贮性的影响

果蔬采收之前的品质对果蔬的耐贮性影响很大，不同种类、品种、成熟期、生长环境条件及所采用的农业技术措施（施肥、灌水、病虫害防治）等都会影响产品的品质，只有品质优良的果蔬才具有较好的耐贮性。

1. 果蔬种类和品种

果品和蔬菜的耐贮性主要取决于其种类和品种，同一种类的果品和蔬菜的耐贮性能也差别很大。例如，李子栽培品种之间的耐贮性差别就非常大，中国李（Prunus salisina）中的晚熟品种：澳大利亚 14 号、黑琥珀李、黑宝石李、秋天巨人李及安哥诺李等可以贮藏 4 ~6 个月。而中国李的早熟品种：大石早生李、吉林 6 号李等，则只能贮藏 30 天左右。苹果中的红富士可以贮藏 1 年以上，而一些早熟品种只能贮藏 1 ~2 周。

在蔬菜中，由于可食部分可能是植物的根、茎、叶、花、果实或种子，它们的组织结构和新陈代谢方式各异，因此，耐贮性也有很大的差异。花和果实是植物的繁殖器官，新陈代谢（metabolism）也比较旺盛，有的成熟过程中还会形成大量的乙烯（ethylene），所以花菜类是很难贮藏的。但是对于花序已变态的花椰菜或花茎梗的蒜薹（garlic sprouts）则具有较强的耐寒力，可以在低温下作较长期的贮藏。果菜类包括瓜、果、豆，由于大多数原产于热带或亚热带，它们对低温比较敏感，另外其食用部分大多数为幼嫩果实，新陈代谢旺盛，表层保护组织（protective tissue）尚不完善，在贮藏过程中易老化、腐烂、失水及发生生理伤害，贮藏性能较差。块茎、球茎、鳞茎、根茎类都属于植物的营养贮藏器官，有些还具有明显的休眠期或被控制在强迫休眠状态，使其新陈代谢降低到最低程度，所以比较耐贮藏。

在果品中，一般来讲，仁果类中的苹果、梨以及浆果类中的葡萄、猕猴桃以及坚果类的核桃、板栗等具有非常好的耐贮性，对低温的忍耐性较强，在防腐以及气调协同低温的条件下可贮藏6~8个月或更长时间。核果类中的桃、李、杏等水果由于原产于热带或亚热带，采后生理代谢旺盛，对低温较敏感，在贮藏过程中易发生低温伤害。因此，耐贮性较差，一般只能贮藏20~45天左右，最耐贮藏的品种可以贮藏120天以上。热带和亚热带生长的柑橘类水果具有较好的耐贮性，但是香蕉、菠萝、荔枝、芒果、枇杷、杨梅、红毛丹等采后呼吸代谢特别旺盛，而且在贮藏温度比较高时就有可能出现冷害，即使8~10℃时也常常会发生冷害，不能长期贮藏。

不同季节采收的甜椒忍受低温时间的长短也不同，夏天采收的甜椒比秋季采收的对低温更敏感，较早发生冷害；所以贮藏用的辣椒必须是晚采收。不同年份生长的同一蔬菜品种，耐贮性也不同，因为不同年份气温条件不同，会影响产品的组织结构和化学成分。例如，马铃薯块茎中淀粉的合成和水解与生长期中的气温有关，而淀粉含量高的耐贮性强。

另外，同一株树上不同部位果实的大小、颜色和化学成分不同，耐贮性也有很大的差异。一般说来，向阳面的苹果果实大小适中，着色比阴面的好，在贮藏中不易萎蔫皱缩。Jackson 的研究表明，向阳面的果实中钾和干物质含量较高，而氮和钙的含量较低。苹果树外围的果实较大，发生苦痘病的机会比内膛果实多，因为外围果实含钾多而含钙少，红玉斑点病也多发生在外围果实上。据 Willace 观察，被树叶遮盖的苹果与直接受阳光照射的果实比较，干物质、总酸、还原糖和总糖含量较低，而总氮量比较高。在通风贮藏库中贮藏时背阴处生长的果实腐烂率较高，但在冷库中贮藏时直接受阳光照射生长的果实腐烂率较高。国光苹果中着色差的内膛果实虎皮病的发病率高。Harding 等发现阳光下外围条上结的柑橘中维生素 C 比内膛果实要高。Sites 发现，同一株上的伏令夏橙果实，顶部外围的果实中，可溶性固形含量高，内膛果实的可溶性固形物含量低；他还发现，果实的含酸量与结果部位没有明显的相关性，但与接受阳光的方向有关，在东北面的果实可滴定酸含量偏低。Stewart 研究橙、柑、橘树上向北面的果实汁液比向南面的果实汁液清亮，向东、向西或树中心的果实汁液清亮程度居中，果皮的颜色也有类似的趋势。广东蕉柑树上的顶柑，含酸量较少，味道较甜，果实皮厚，果汁少，在贮藏中容易出现枯水，而含酸量高的柑橘或苹果一般耐贮性较强。

同一种类和品种的水果，果实的大小不同，其耐贮性不同。大个的国光苹果比小个的发生虎皮病（scald）的机会要多；大个的雪花梨、鸭梨、莱阳梨贮藏时果肉易出现褐变。中华寿桃贮藏时也有同样的结果，大果（单果重超过 350 克）核周围首先出现褐变，小果（250～350 克）出现褐变的时间比大果晚 3 周。其他一些生理病害也是大个的果实出现的早，并且发病严重。苹果的苦痘病发病率与果实的直径呈正相关；大个的蕉柑，往往皮厚、汁少，在贮藏中容易发生水肿和枯水病。多数品种的苹果都有大个果实的硬度比小个的下降得快的现象。

2. 自然环境条件

（1）温度　与其他的因素如土壤或农业技术等相比，温度对果蔬的影响要更为显著一些。温度高（不影响其正常的生理代谢的情况下）作物生长快，产品组织幼嫩，可溶性固形物含量低。昼夜温差大，作物生长发育良好，糖分积累的多，可溶性固形物高。60 多年前，美国学者 Shaw 研究了苹果品种对气候的适应性，提出夏季温度是决定苹果果实化学成分的主要因素。不同品种的苹果都有其适宜的平均夏季温度（大多数为 12～15.5℃），在最适宜的平均夏季温度下，果树生长发育良好，偏离这一平均温度，就会引起果实化学成分的差异，因而降低果实的品质和缩短贮藏寿命。但也有人观察到，有的苹果品种需要在比较高的夏季温度下才能生长发育得最好，如红玉苹果在平均温度为 19℃的地区生长得比较好。当然，夏季温度过高的地区，果实成熟早，色泽和品质差，也不耐贮藏。在果实的生长季节必须有足够的热量才能促使果实生长和成熟。Porrit 等观察了哥伦比亚金冠苹果对热量的需要，他把超过 10℃的温度按小时·度累计，称之为时热单位；据统计，20 年的平均时热单位为 47 793。1954 年的平均时热单位只有 35 551，该年的金冠苹果实成熟度很差；而在 1958 年，时热单位为 63 813，果实的成熟度和色泽特别好。

许多品种的苹果采后生理病害与生长期的温度有关。近两年加拿大正在推广的布莱苯品种，该品种具有易着色、口味偏酸适合西欧人口味的特点，具备连续结果、短枝结果习性好、丰产，而且其为晚熟品种，较耐贮藏，是一个非常有发展前途的品种；但是该品种在贮藏过程中易发生果肉褐变（BBD）及空洞，严重地影响了其长期贮藏和发展。因此，该病害发病机理及调控技术的研究也成为目前加拿大采后生理及贮藏领域研究的焦点。目前的研究表明，果肉褐变与采前因素有很大关系：不同果园、不同年份发病率不同；夏季凉爽易发生，采前积温、气温低的年份或地区果肉褐变发生率高。例如，加拿大 B. C 省 1994 年从 5 月 1 日到果实采收的活动积温为 1 300，果实在 1.2%～1.5% 氧气 +1.0%～1.2% 二氧化碳和 0℃的条件下贮藏 6 个月无果肉褐变发生，而 1993 年、1995 年、1996 年活动积温分别为 1 120、1 200、1 020 则果肉褐变的发生率分别为 15%、12%、25%。其他苹果品种贮藏中的虎皮病也与采前因素有关，果实生长过程中阴雨过多，元帅、瑞光、阳光在贮藏中虎皮病、软虎皮病的发生率高；生长在温暖地区的新红星苹果在0℃下贮藏，对虎皮病比生长在凉爽地区的敏感。例如，华盛顿的活动积温高于不列颠哥伦比亚，因此，生长在华盛顿的苹果虎皮病的发生率高于不列颠哥伦比亚。有人就采前温度对苹果耐贮性的影响进行了研究，发现整个生长季节的温度对苹果的贮藏寿命没有明显的影响，但是苹果在采收前4~6周的气温却对果实的大小、色泽、风味等商品价值和贮藏价值至关重要。

桃是耐夏季高温的果树，夏季温度高，果实含酸量高，较耐贮藏。但黄肉桃在夏季温度超过32℃时，会影响果实的色泽和大小，如果夏季低温高湿，桃的颜色和成熟度差，也不耐贮运。

（2）光照　光照时间、强度、光质直接影响植株的光合作用及形态结构，如果蔬的色泽、干物质含量、叶的厚薄、叶肉的结构，节间的长短、茎的粗细等，从而影响果蔬的品质和耐贮性。光照不足会使果实含糖量低，抗生物质少，叶片生长的大而薄，贮藏中容易腐烂、失水萎蔫和衰老。

（3）降雨量和空气湿度　降雨会增加土壤湿度、空气的相对湿度和减少光照时间，对水果和蔬菜的化学成分和组织结构有影响。在潮湿多雨的地区，土壤的pH一般小于7，为酸性土壤，土中的可溶性盐类如钙盐几乎被冲洗掉，果蔬一般缺钙，耐贮性较差。在干旱缺水的年份或轻质土壤上种的萝卜，贮藏中容易糠心，而在水分充足和黏质土中栽培的萝卜糠心较少，糠心出现的时间也晚。生育期冷凉多雨的黄瓜，耐贮性降低，因为空气湿度高时，蒸腾作用受阻，从土壤中吸收的矿物质减少，使得有机物的生物合成、运输及其在果实中的累积受到阻碍。阳光充足、降雨量适中的年份，苹果的耐贮性比阴天多雨年份苹果的要强，因为雨水会使土壤中的可溶性元素减少，影响果树的生长和果实的品质，苹果中的维生素C含量下降，阴天也减少了光合作用。因此，降低果实的耐贮性。

生长在潮湿地区的苹果容易裂果。裂果常发生在下雨之后，此时蒸腾作用很低，苹果除了从根部吸收较多水分外，也可以从果皮吸收部分水分，促使果肉细胞迅速膨大，果实内部向皮层产生很大的胀力，此时果皮的可塑性小于果肉的膨胀性，造成果皮开裂。生长期干旱的年份，采收时雨水又比较大，这时更容易裂果，巨峰葡萄在这种情况下，裂果率可达到15%～30%，这时的果品则不能用于贮藏，否则将使贮藏袋中大量积水，引起腐烂。对柑橘果实来说，生长期多雨和过高的空气湿度会造成柑橘果汁糖和酸含量降低。此外，高湿有利于真菌的生长，容易引起果实腐烂，不利于贮藏。甜橙在贮藏过程中的枯水与生长期的降雨量有关，干旱后遇多雨天气，短期内生长旺盛，果皮组织疏松，发育不完善，枯水就会严重。

降雨量大的年份或空气湿度大的地区，果蔬生长过程易受到微生物的侵染，因此，在生长和贮藏过程中腐烂率较高。由于高的湿度一方面使果蔬组织幼嫩，受到机械伤微生物侵染的机率高；另一方面在果蔬生长过程中温度都能满足孢子萌发的需要，高湿度对病原菌的侵入有利，液体水滴更为适宜。此外，较高的空气湿度还可加速孢子的形成；降雨还可使孢子飞溅传播，落在果面上的孢子侵入果蔬皮孔或直接侵入果蔬。因此，果蔬生长过程中降雨量对采前潜伏侵染程度以及采后果蔬的发病率影响非常大，如果采前降雨量或降雨时数增加，果蔬采后贮藏过程中发病率增加。一般来讲，采前一个月的降雨量成为制约果蔬采后腐烂率的重要因素。

果蔬生长过程中降雨量不均匀对果蔬的品质和耐贮性也有影响，前期干燥，抑制果蔬的生长，后期降雨骤然增大将会造成生长过程中果蔬和采后贮藏过程中大量裂果。

（4）地理条件　水果和蔬菜生长区的纬度和海拔高度与温度、降雨量、空气相对湿度和光照强度都是相互关联的。同一种类的果蔬，生长在不同纬度和海拔高度，其品质和耐贮性不同。凡是生长在气温较高、昼夜温差较小的地区的葡萄耐贮性较差；

气候干燥的产区，葡萄含糖量高，果皮、果粉以及蜡质层厚有利于贮藏；生长在新疆、西北黄土高原的果实较耐贮藏，东北次之，东南沿海耐贮性最差。例如，同是巨峰葡萄，在辽宁可贮藏7～8个月，到了上海、浙江只能贮藏1～2个月；而山东、河北南部、河南的二次果，因生长后期气候干燥，耐贮性又明显有所提高。

山地或高原地区生长的蔬菜所含糖、色素、抗坏血酸（维生素C）、蛋白质等都比平原地区生长的要高，表面保护组织也比较发达，较耐贮藏。在海拔1 529米高山上生长的番茄含糖为干重的77.7%～88.4%，抗坏血酸为干重的31.9毫克/100毫克；而在海拔674米生长的番茄含糖为干重的63.7%～70.3%，抗坏血酸为干重的21.2/100毫克。在海拔520米的地方生长的茄子比海拔310米生长的晚熟两周；在高处生长的甘蓝，抗坏血酸和过氧化氢酶都增加，有利于贮藏。

（5）土质　土质会影响蔬菜的成分和结构。轻沙土可增加西瓜果皮的坚固性，使它的耐贮性和耐运输能力增强。在盐碱土上生长的甜椒，可滴定酸和抗坏血酸含量均低，而在非盐碱土生长时抗坏血酸高达（335～343毫克）/100克。在pH5.8和未加任何微量元素的土壤上生长的菠菜，含磷较多，而在pH7.8且加微量元素的土壤中生长的菠菜含磷较少，但氧化钙（CaO）含量高。在含硫高的土壤中生长的洋葱，香精油含量高，其挥发物杀菌能力加强，所以抗病耐贮；在黑钙土状黏土中生长的洋葱含糖量为干重的75%，而在富含碳酸盐的亚黏土类的黑钙土中生长的洋葱的含糖量只占干重的58%，但干物质含量高。

果树有了发育良好、吸收能力强和吸水面积大的根系，才能高产并结出品质良好的果实，而根系的生长又与土壤的物理性状、水分和矿物质营养密切相关。黏重土壤上种植的香蕉，风味品质比沙质土壤上种植的好，而且耐贮。有研究认为，土层深厚的沙质或黏质土壤都适宜栽培柑橘。轻质土上种植的脐橙比黏重土壤上种植的果实坚硬，但在贮藏中重量损失较快。壤土上生长的柑橘比沙土上生长的颜色要好，可溶性固形物含量高，总酸含量低，但果实的贮藏寿命却相差不多。生长在黏重土壤上的柑橘风味品质要比生长在轻沙壤土上的好。

苹果适合在质地疏松、通气良好、富含有机质的中性到酸性土壤上生长，在轻质土壤上生长的苹果，当水分不够时，果实成熟提早，口味较甜，颜色好。沙土上生长的苹果容易发生苦痘病，不适宜贮藏。苦痘病发病轻的果园中，土壤中的有机质含量、全氮含量和碳氮比都比较高。

3. 农业技术条件

(1) 施肥　科学施肥是保证果蔬正常生长的关键。在果蔬生长过程中注意增施有机肥和合理施用化肥，只有在适宜营养条件下生长的果蔬，才有优良的品质，并且耐贮藏和运输，否则容易发生采后生理失调。氮肥是保证果蔬产量的主要元素，适量施用氮肥，可以保证果蔬的大小，保证果蔬的颜色和果实的硬度、蔬菜的坚实度等果蔬的品质，减少果蔬贮藏中一些生理病害的发生。但是过量施用氮肥会造成果蔬颜色差，采后的果蔬呼吸强度大、代谢旺盛，在贮藏过程中糖酸以及硬度下降快，促进果蔬的崩溃。还有研究表明，施氮肥过多，使元帅和金冠苹果容易发生虎皮病，而红玉苹果的斑点病也增多，不适宜贮藏。

果树缺钾，果实着色差，果实品质下降；土壤中缺磷，果实的颜色不鲜艳，果肉带绿色，含糖量降低，贮藏中容易发生果肉褐变和烂心。苹果缺硼会不耐贮藏，易发生果肉褐变，或发生虎皮病及水心病。

钙元素对果蔬品质和耐贮性的影响越来越受到人们的关注，钙具有以下作用：

①钙含量高时可以抵消氮高的不良影响。

②钙能抑制果蔬的呼吸作用，延迟果蔬的衰老。

③钙能够抑制乙烯合成酶的活性，由此抑制了乙烯的生物

合成。

④钙能保持细胞结构的完整性，由此提高果蔬对低温、不良的气体成分和其他逆境的适应性。

⑤钙能抑制果蔬采后一些生理病害发生。果实中一些生理病害的发生，往往与果实中钙的含量以及钙的分布有关。钙在果实中的分布是不均匀的，其中果皮、果心中钙的含量比果肉中高2~4倍，梗端高于萼端；因此，苹果中的木栓斑点病、红玉斑点病、苦痘病等多发生在萼端。在果实长成后的6~8周喷施氯化钙或果实采收以后浸氯化钙，可有效减轻由于缺钙而引起的生理病害。

另外，需注意：过多施用钾肥会与钙和镁的吸收相对抗，使果实中钙的含量降低，影响耐贮性。

（2）灌溉　土壤水分的供给对水果和蔬菜的生长、发育、品质及耐贮性有重要的影响。要进行贮藏的叶菜，生长期应避免因灌水太多引起植株徒长，而含水量太高的产品则不耐贮藏。如果洋葱生长中期过分灌水会加重贮藏中的颈腐、黑腐、基腐和细菌性腐烂。在多雨年份，蒸腾小，根吸水多，促使果肉细胞迅速膨大，从而引起果实开裂。在干旱缺雨的年份或轻质土壤上栽培的萝卜，贮藏中容易糠心；而在黏质土上栽培的，以及在水分充足年份或地区生长的萝卜糠心较少，出现糠心的时间也较晚。大白菜蹲苗期，土壤干旱缺水，会引起土壤溶液浓度增高，阻碍钙的吸收，易发生干烧心病。

桃在采收前几周缺水，果实就难以增大，果肉坚硬，产量下降，品质不佳，但如果灌水太多，又会延长果实的生长期，果实着色差、不耐贮藏。水分供应不足会削弱苹果的耐贮性，苹果的一些生理病害如木栓斑点病、苦痘病和红玉斑点病都与土壤中水分状况有一定的联系。水分过多，果实过大，果汁的干物质含量低，而不耐长期贮藏，容易发生生理病害。柑橘果实的蒂缘褐斑（干疤），在水分供应充足的条件下生长的果实发病较多，而在较干旱的条件下生长的果实褐斑病较少。

果蔬采前灌水，会增加果蔬的含水量以及病菌侵染量，果蔬采收时，易受到机械伤、果蔬耐贮性差；因此，作为贮藏用的果蔬要求采前1周不能灌水。

（3）砧木　果树的砧木（Rootstock）对地上部的品种生长发育、果实产量、品质、化学成分和耐贮性是有影响的。山西果树研究所通过试验观察到，红星苹果嫁接在保德海棠上，果实色泽鲜红，最耐贮藏。武乡海棠、沁源山定子和林擒嫁接的红星苹果，耐贮性也较好。美国红地球葡萄嫁接在巨峰或者贝达砧木上，果实颜色深紫红色，扦插苗果实颜色鲜红色。不少研究表明，苹果发生苦痘病与砧木的性质有关：在烟台海滩地上，发病轻的苹果砧木是烟台沙果、福山小海棠，发病最重的是山荆子、黄三叶海棠，晚林擒和蒙山甜茶居中。还有人发现，矮生砧木上生长的苹果的苦痘病发病较中等树势的砧木上生长的苹果要轻。

（4）修剪、疏花、疏果和套袋

①修剪：修剪可以调节果树各部分的生长平衡，使果实获得足够的营养，从而影响果实的化学成分；因此，修剪也会间接地影响果实的耐贮性。Wallace 的研究表明，苹果的修剪与疏果的作用相似，冬季重剪，可以促使来年果树生长旺盛，使叶片与果实的比值增大，使苹果中的蔗糖含量增高，增加贮藏中苦痘病的发生率。红玉苹果的重剪会增加其贮藏中烂心和蜜病的发生。Perring 等认为，采前将桔苹苹果中生长旺盛的枝条剪去，果实苦痘病的发生率要比只进行冬季重剪的要轻。此外，重剪增加了叶果的比例，可能会抑制果实的成熟和颜色的发展，但修剪不够时，果实小，品质差，也不利于贮藏。

②疏花、疏果：疏花和疏果的目的也是为了保证叶、果的适当比例，以保证果实有一定的大小和品质。一般说来，每个果实分配到的叶片数多，含糖量就会高一些。苹果含糖量高，有利于花青素的形成，同时会减少褐烫病的发生，使耐贮性增强。

③套袋：果实套袋是现代果品生产中应用的一项技术措施。套袋可以减少农药对果蔬的污染，减少外界不利条件对果蔬的危害，是目前我国大力提倡的一种栽培措施。冉辛拓等（1990 年）研究表明，套袋后鸭梨果实外观品质、果实硬度及耐贮性等均显著提高。张华云、王善广（1996 年）研究结果表明，套袋的莱阳梨果实表面皮孔小，且外突不明显，表皮层细胞大小整齐，排列紧密，长粗比增大；单宁细胞层数少且薄，其厚度变化如（表 6）。经测定，套袋能够明显降低果实表面皮孔覆盖值。6 月 12 日测定结果表明，套白袋果面皮孔覆盖值比对照下降了 3.931%，而黄袋比对照下降了 5.577%，7 月 12 日测定结果表明，套白袋皮孔覆盖值比对照下降了 1.198%，而黄袋下降 5.451%。由此可见白袋随生长期延长对果面皮孔作用下降，而黄袋的作用仍然明显。

表 6 套袋对梨果实单宁角质层厚度的影响（张华云，王善广，1996）

观测组织	日期	对照	白袋	黄袋
单宁厚度（毫米）	1/6	0.0707	0.0509	0.0490
	12/6	0.072	0.0613	0.0522
角质层厚度（微米）	1/6	6.99	6.20	4.30
	12/6	12.50	9.78	5.98

果实套袋不仅可以提高果蔬的外观品质，而且可以提高贮藏效果和贮藏后的效益。

（5）田间病虫防治　病虫害是造成水果和蔬菜采后损失的重要原因之一。贮藏病害可以分为因田间因素不适诱导的生理病害和微生物病害两种。那些采收时有明显症状的产品容易被挑选出来，但症状不明显或者发生内部病变的产品却往往被人们忽视，它们在贮藏中发病、扩散，从而造成损失。因此，我们应当选择适宜的自然条件和良好的农业技术来减少病虫害的发生。

果蔬田间生长期间经常发生的微生物病害有灰霉病、轮纹病、褐腐病、软腐病、炭疽病、病毒病、番茄晚疫病、茄子绵疫病、花芽黑斑病等。应该选择无病或少病地块的优良产品进行贮藏，或者在采前1～2周进行药物处理，如喷1 000～2 000倍的甲基硫菌灵（甲基托布津）（Topsin-M）和2 000～3 000倍的苯菌灵（苯来特，Benlate）等药剂；采收前可以直接喷洒CT-果蔬液体保鲜剂（食品级，国家农产品保鲜工程技术研究中心研制，绿达商标）。对进行长途运输和贮藏的水果和蔬菜是有利的。

（6）生长调节剂处理　生长调节剂对水果和蔬菜的内在和外观品质都有影响。果蔬生长过程中合理地应用生长调节剂能够明显提高果蔬的品质以及贮藏性能，但是使用不当将大大影响耐贮性。目前生产上广泛应用的生长调节剂有生长素类、赤霉素类、细胞分裂素类、生长抑制剂类。

①生长素类　萘乙酸和2,4-D可以防止苹果、葡萄和柑橘采前落果。采前7～10天施用浓度10～20毫克/升的萘乙酸（或萘乙酸钠），喷洒后3天即有效；浓度为5～20毫克/升的2,4-D喷后10天可见效。萘乙酸和2,4-D都是生长促进剂，有增强果实呼吸加速成熟的作用，所以对于长期贮藏的产品来说会有些不利影响。特别是那些已经染病的果实如苹果心腐病等，喷药后不落果，容易被认为是好果而进行贮藏，增加贮藏中腐烂损失。2,4-D防止柑橘果蒂脱落的效果十分明显，因果蒂保持鲜绿而不脱落，蒂腐也得到了防治。在蔬菜上喷低浓度的生长素对生长有明显的促进作用。菜花采前1～7天施用100～500毫克/升的2,4-D可以减少贮藏中保护叶的脱落。

②细胞分裂素　细胞分裂素对细胞的分裂与分化有明显的作用，也可诱导细胞扩大。结球莴苣采前喷洒10毫克/升苄基腺嘌呤（BA），在低温下存放时与对照的差异不大，但是转入25℃后经BA处理的叶子仍为绿色，对照的叶子则变黄。蒜薹采后用含有BA的保鲜剂处理，可明显降低薹梢叶绿素的降解和薹苞的膨大。

③赤霉素　施用低浓度的赤霉素可以促进绿色植株茎叶的伸长；用20～40毫克/升的赤霉素浸蒜薹基部，可以防止薹苞膨大；柑橘果实使用2,4-D防果蒂脱落的同时，加用赤霉素，可推迟果实的成熟，延长贮藏寿命；喷过赤霉素的柑橘，果皮的褪绿和衰老变得缓慢，某些生理病害也得到减轻。赤霉素可以推迟香蕉呼吸高峰的出现，延缓成熟和延长贮藏寿命。

④生长抑制剂

a. 矮壮素（CCC）　矮壮素用于果树生产，除增加坐果率外还有提高耐贮性的作用，用100～500毫克/升矮壮素加1毫克/升的赤霉素在花期喷洒或蘸花穗，能提高葡萄坐果率，促进成熟，增加果实含糖量和减少裂果，提高了葡萄的耐贮性。巴梨采收前3周用0.5%～1%的矮壮素喷布，可以增加果实的硬度，防止采收时果实变软，有利于贮藏。西瓜喷用矮壮素后所结果实的可溶性固形物增加，瓜变甜，延长贮藏寿命。

b. 青鲜素（MH）　可有效防止土豆、大蒜、洋葱贮藏过程中发芽，目前生产上应用的土豆、洋葱、大蒜的抑芽剂主要成分都是青鲜素。但是MH的使用量、使用时期直接影响抑芽效果。例如，洋葱在采前1～3周使用浓度1 500～2 500毫克/公斤；马铃薯则在采前1周处理，使用浓度2 500～5 000毫克/公斤时对抑芽才有效。

⑤乙烯利　乙烯利是一种人工合成的乙烯发生剂，与乙烯的作用相同，有促进果实成熟的作用，一般生产的为40%的溶液。苹果在采收前1～4周喷布200～250毫克/升的乙烯利，可以使果实的呼吸高峰提前出现，促进成熟和着色。梨在采收前喷50～250毫克/升的乙烯利，也可以使果实提早成熟，降低总酸含量，提高可溶性固形物含量，使早熟品种提早上市，能改善其外观品质。此外，乙烯利还可以用于柑橘的褪绿，香蕉、番茄的催熟和柿子的脱涩。但是，用乙烯利处理过的果蔬在贮藏过程中易腐烂，并且其抗病性和耐贮性皆下降，因此，不能作长期贮藏。

（二）果蔬的成熟、衰老及化学组成在贮藏中的变化

1. 果蔬的成熟和衰老

（1）成熟（maturat） 成熟是指果实生长的最后阶段，即达到充分长成的时候。有的把它译为“绿熟”或“初熟”。在这一时期，果实中发生了明显的变化。如含糖量增加，含酸量降低，淀粉减少（苹果、梨、香蕉等），果胶物质变化引起果肉变软，单宁物质变化导致涩味减退，芳香物质和果皮、果肉中的色素生成、叶绿素降解，维生素 C 增加，类胡萝卜素增加或减少，果实长到一定大小和形状，这些都是果实开始成熟的表现。有些果实在这一阶段开始出现光泽或带果霜，这是由于果皮上逐渐生成蜡质，能减少水分蒸散。随着含糖量的增加，果实可溶性固形物相应增高。这些性状常被用来判断果实采收成熟度（maturity）的指针和销售标准。因此，按中文习惯把“maturation”译为成熟，这只是指果实达到可以采摘的程度，但不是食用品质最好的时候。柑橘的糖酸比值，葡萄的含糖量，梨、苹果和桃的果肉硬度及颜色等达到一定标准时，就被认为可以采摘。

（2）完熟（ripening） 这是指果实达到成熟以后的阶段，果实完全表现出本品种典型性状，体积已经充分长大，并达到了最佳食用的品质。成熟的过程大都是果实着生在树上时发生，完熟则是成熟的终了时期，可以发生在树上，也可发生在采收之后。这时果实的风味、质地和芳香气味已经达到适宜食用程度。有些果实如香蕉、鳄梨和芒果等着生在树上时，往往不能等到完熟时就需要采收，香蕉在达到一定饱满度时采收，然后进行催熟才能食用。巴梨同鳄梨一样，尽管它已完全成熟，但继续留在树上却不能完熟，采后经过一段时间贮藏或处理以后才能达到完

熟。研究者认为这与植物生长素的供应有关，也与乙烯的作用有关。

(3) 园艺成熟度　对蔬菜来讲，一般都采用“园艺成熟度”；所谓园艺成熟度是指园艺产品为了达到消费者对产品的某种需要而达到的成熟度；园艺成熟度可以是园艺产品生长发育的任何阶段见（图1）。例如，嫩芽、幼苗的园艺成熟度在生长发育的最初阶段，而大多数的蔬菜组织、花、果实和地下养分贮藏器官的园艺成熟度是在生长发育的中期，种子等在发育的后期。有一些产品的园艺成熟度可能有几个，这主要根据对产品的要求。例如，西葫芦的成熟度可以是盛开的花、幼小的果实，也可是成熟的果实。

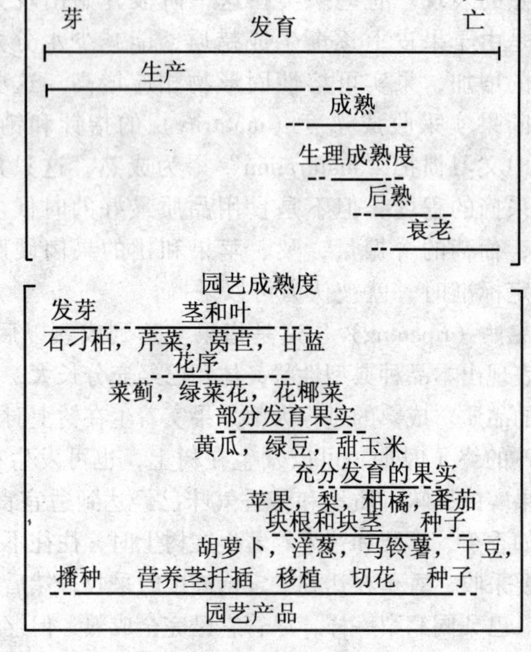

图1　园艺成熟度与植物发育期（Watadaet al. 1984）

在成熟度与可食性关系方面，蔬菜和水果是不同的。对于许多水果来讲，成熟度并不是果实可食的最佳时期，而只有果实达到充分成熟后，才能达最佳食用期。例如，香蕉虽然达到了成熟期，但是香蕉仍然是绿的、涩的，而且风味差。而蔬菜一般来讲最佳的成熟期也即最佳的食用期。

(4) 衰老 (senesence)　果实生长已经停止，完熟阶段的变化基本结束，即将进入衰老时期。衰老也可能发生在采收之前，但大多数发生在果实采收之后。一般认为，果实的呼吸作用骤然升高，也就是某些果实的呼吸跃变的出现代表衰老的开始。果实的衰老是它个体发育的最后阶段，是分解过程旺盛进行，细胞趋向崩溃，最终导致整个器官死亡的过程。

总之，果实从坐果开始到衰老结束，是果实生命的全过程。研究者普遍认为，该过程被许多植物激素所控制（图2），特别

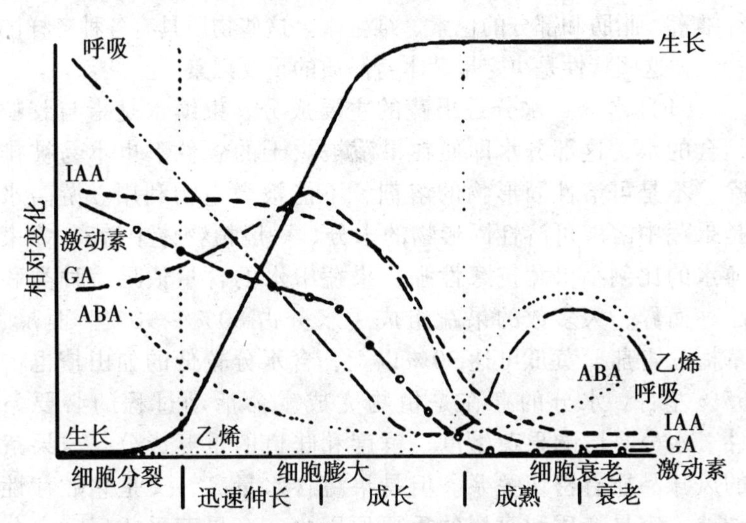

图中 IAA 为吲哚乙酸；GA 为赤霉素；ABA 为脱落酸

图 2　呼吸跃变型果实生长、发育和成熟中的生长和激素的理论动力曲线（仿 Lieberman）

是乙烯的出现是果实进入成熟的征兆。由于适当浓度乙烯的作用，果实呼吸作用随之提高，某些酶的活性增强，从而促成果实成熟、完熟、衰老等一系变化。

2. 果蔬的化学组成及其在采后贮藏中的变化

果蔬中含有许多化学物质，这些化学物质是人们生活所不可缺少的。采收以后的果蔬化学物质将发生很多变化，由此引起果蔬耐贮性和抗病性以及果蔬品质、营养价值的变化。因此，了解果蔬中的化学成分及其变化对于搞好果蔬贮藏以及运输具有非常重要的作用。

果蔬所含的化学成分可分为两部分，即水分和干物质。水分包括游离水和束缚水；干物质包括可溶性固形物和非可溶性固形物。可溶性固形物主要有糖、有机酸、果胶、丹宁和一部分含氮化合物、色素和维生素；非可溶性固形物主要有淀粉、原果胶、纤维素、脂肪和部分的色素、维生素。这些物质具有各种各样的特性，这些特性是决定果蔬本身品质的重要因素。

（1）水分　水分是果蔬的主要成分，束缚水是指与胶粒结合的水，这部分水即使在果蔬被烘干的条件下也不易被排除，不是可溶性固形物的溶剂，不能被微生物利用。游离水是果蔬中溶解可溶性固形物的水分，一般植物体中游离水/束缚水的比例小果蔬抗寒性强。果蔬中水的含量依果蔬种类和品种而异，大多数的果蔬组成中水分占80%～90%。西瓜、草梅、番茄、黄瓜可达90%以上，含水分较低的如山楂也占65%左右。水分的存在是植物完成生命活动过程的必要条件。水分是影响果蔬嫩度、鲜度和味道的重要成分，与果蔬的风味品质有密切关系。但是果蔬含水量高，又是它贮存性能差、容易变质和腐烂的重要原因之一。果蔬采收后，水分得不到补充，在贮运过程中容易因蒸腾失水而引起萎蔫、失重和失鲜，其失水程度与果蔬种类、品种及贮运条件有密切关系。

(2) 干物质

①碳水化合物　碳水化合物包括：糖、淀粉、纤维素、半纤维素、果胶质。

a. 糖：绝大多数果蔬都含有糖，糖是决定果蔬营养和风味的重要成分，是果蔬甜味的主要来源，也是果蔬重要的贮藏物质之一。果蔬中的糖主要包括果糖、葡萄糖、蔗糖和某些戊糖等可溶性糖。水果含糖量一般大于蔬菜。但是不同果蔬含糖的种类不同。例如，苹果、梨中主要以果糖为主；桃、樱桃、杏、番茄主要含葡萄糖，果糖次之。可溶性糖是果蔬的呼吸底物，在呼吸过程中分解放出热能，果蔬糖含量在贮藏过程中趋于下降，但有些种类的果蔬，由于淀粉水解所致，使糖含量测值有升高现象。

b. 淀粉：淀粉为多糖类，未熟果实中含有大量的淀粉，例如，香蕉的绿果中淀粉 20% ~25%，而成熟后下降到 1% 以下。块根、块茎类蔬菜中含淀粉最多，有藕、菱、芋头、山药、马铃薯等，其淀粉含量与老熟程度成正比增加。凡是以淀粉形态作为贮藏物质的蔬菜种类大多能保持休眠状态，有利于贮藏。

c. 纤维素和半纤维素：这两种物质都是植物的骨架物质细胞壁的主要构成部分，对组织起着支持作用。

d. 果胶物质：果胶物质的含量以及种类直接影响果蔬的硬度以及坚实度，不同种类的果蔬果胶物质的含量是不同的，水果中的含量大于蔬菜。水果中一般含量在 0.5% ~1.6%，而蔬菜中的含量仅有 0.1% ~0.6%；其中以草莓、苹果、柠檬含量较高，山楂果胶物质的含量高达 6.4%。果蔬在成熟和贮藏过程中，果胶质含量逐渐减少，首先原果胶分解，因此，可溶性果胶的含量增长。

不同耐藏程度的苹果果胶质的变化有明显的不同，耐贮性差的品种，在成熟以及贮藏过程中原果胶含量下降快。果蔬贮藏保鲜的目的之一就是采取一切措施减缓果蔬中原果胶——果胶——果胶酸的变化进程。

果实硬度的变化，与果胶物质的变化密切相关。用果实硬度计来测定苹果、梨等的果肉硬度，借以判断成熟度，也可作为果实贮藏效果的指针。

②酚类物质　酚类物质与果蔬的风味、褐变和抗病性相关，因此，果蔬中酚类物质的含量以及种类、变化趋势一直是采后生理研究的重点。随着果蔬的成熟，酚类物质含量降低。果蔬在贮藏过程中的褐变是由酶促褐变所引起的，

③芳香物质　果蔬的香味，是其本身含有的各种芳香物质的气味和其他特性结合的结果，也是决定品质的重要因素。由于果蔬种类不同，芳香物质的成分也各异。芳香物质也是判断果蔬成熟度的一种标志。果蔬的芳香物质，是一些微量的挥发油和油质，其在食品中的含量，通常在 100 毫克/公斤以下，也有含量稍多的。如香蕉（Valery 品种）为 65 ~ 338 毫克/公斤，树莓类为 1 ~ 22 毫克/公斤，草莓为 5 ~ 10 毫克/公斤，黄瓜含 17 毫克/公斤，番茄 2 ~ 5 毫克/公斤，大蒜 50 ~ 90 毫克/公斤，萝卜含 300 ~ 500 毫克/公斤，洋葱含 320 ~ 580 毫克/公斤，芹菜含 1 000 毫克/公斤等。芳香物质稳定性差，容易变化和消失。

果蔬所含的芳香物质，并非是一种成分，而是由多种组分构成。同时，又随着地区的栽培条件、气候条件和生长发育阶段的不同而变化。挥发油的主要成分为醇类、酯类、醛类、酮类、烃类（萜烯）等，另外还有醚、酚类和含硫及含氮化合物。

苹果在树上成熟时增生了蜡质的被覆。蜡质可以粗分为四类组分：油、蜡、三萜类化合物、乌索酸和角质。蔬菜中，成熟的番木瓜、冬瓜、甘蓝等的蜡被也比较明显，甘蓝叶面上蜡被的主要成分是二十九烷（$C_{29}H_{60}$）及其衍生物二正十四烷基酮（$C_{14}H_{29}COC_{14}H_{29}$）。蜡被的生成因果蔬种类与品种、生长发育阶段、环境条件的不同而有不同。蜡质的形成加强了果蔬外皮的保护作用，减少水分蒸腾和病菌的侵入。因此，采收时须注意勿将果粉擦去，以免影响果蔬的耐贮性。

④有机酸　果蔬中有多种有机酸，主要有柠檬酸、苹果酸和酒石酸。此外，还有草酸、酮戊二酸或延胡索酸等。

通常果实发育完成后有机酸的含量最高，随着成熟和衰老含量呈下降趋势。果蔬成熟及衰老过程中，有机酸含量降低主要是由于有机酸参与果蔬呼吸，作为呼吸的基质而被消耗掉。在贮藏中有机酸下降的速度比糖还快，且温度越高有机酸的消耗也越多，造成糖酸比逐渐增加，这也是为什么有的果实贮藏一段时间以后吃起来变甜的原因。

果蔬中有机酸的含量以及有机酸在贮藏过程中的变化快慢，通常作为判断果蔬成熟度和果蔬贮藏环境是否适宜的一个指针。

（三）果蔬采后生理

1. 果蔬的呼吸代谢

(1) 呼吸的概念

①有氧呼吸和无氧呼吸：果蔬采收以后，断绝了水和无机物的供应，同化作用基本停止，但仍然是活体，其主要代谢过程是呼吸作用。呼吸是在许多复杂酶系统的参与下，经过许多中间反应环节，把复杂的有机化合物逐步分解成较简单的物质，同时释放出能量的过程。呼吸作用一方面为果蔬正常生理活动提供能量，另一方面消耗大量有机物质并产生大量呼吸热。因此，果蔬贮藏的中心问题是抑制果蔬的呼吸，使果蔬处于“死不死，活不活”的状态，以减少有机物质的损耗，保持果蔬的品质。

果蔬的呼吸有两种类型，即有氧呼吸和无氧呼吸。有氧呼吸是果蔬在有氧供应的条件下，经过一系列复杂过程，把有机物分解为二氧化碳和水的过程。它是果蔬主要的呼吸形式。无氧呼吸不从空气中吸收氧，呼吸底物不能彻底氧化，结果形成乙醛、酒精等物质。

以己糖为呼吸底物时，呼吸的总化学反应式为：

有氧呼吸 $C_6H_{12}O_6$（葡萄糖或果糖）$+6O_2 \rightarrow 6CO_2+6H_2O+$ 673 大卡（能量）

无氧呼吸 $C_6H_{12}O_6$（葡萄糖或果糖）$\rightarrow 2C_2H_5OH$（酒精）$+2CO_2+21$ 大卡（能量）

有氧呼吸的反应过程是相当复杂的，它是从葡萄糖经糖酵解和三羧酸循环形成丙酮酸，最终形成二氧化碳和水的过程。这一过程共有51种酶参加。其中的糖酵解是在细胞之中进行的，而三羧酸循环是在线粒体中进行的。无氧呼吸也经过糖酵解过程产生丙酮酸，然而在无氧条件下丙酮酸发酵生成乙醇。从反应式可见，果蔬通过无氧呼吸所获得的能量比通过有氧呼吸少得多，果蔬要维持正常的生理活动就必须消耗更多的有机物质。另外，无氧呼吸最终产物为乙醇和中间产物乙醛；这些产物在果蔬体内积累过多，会导致生理失调，使果蔬变色、变味甚至变质。因此，在果蔬贮藏过程中应尽可能地避免采后果蔬进行无氧呼吸。无氧呼吸的产生除了与果蔬贮藏环境氧气的浓度有关以外，还与果蔬对氧的吸收能力以及果蔬本身的组织结构有关。

降低贮藏环境中的氧气浓度可有效地降低有氧呼吸，当环境中的氧气浓度从空气水平下降时，组织中二氧化碳释放量随之减少。（图3）表明，呼吸速度随着环境中氧气水平下降而受到抑制，但当氧气降到一转折点时，二氧化碳的释放量不是继续下降而是相反地急速上升，直至氧气降至0。此时二氧化碳释放量的增加是无氧呼吸的结果。所以，此折点是无氧呼吸和有氧呼吸的交界点，也称为无氧呼吸的消失点，意思是：氧气水平高于此点时，无氧呼吸就消失。根据果蔬种类和生理状态不同，无氧呼吸的消失点是不同的。对一般果蔬来讲，发生无氧呼吸的氧气浓度为1%～5%，在20℃条件下，菠菜、菜豆为1%，豌豆为4%。不同生长发育阶段消失点氧气的浓度不同，幼果大约为3%～4%，近成熟的果为0.5%，此后果蔬吸氧能力下降。充分成熟或衰老的果蔬，当环境氧气浓度还在12%～13%时就可能发生无氧呼吸。从（图3）还可以看到，在消失点之前供给氧气，可避免出现无氧呼吸，即提高氧气的水平反而可使碳水化合物的分解速度减慢，从而节约了物质的消耗和减少了有害无氧呼吸产物的积累。因此，在贮藏过程中，应尽可能地维持适宜低的氧气浓度（接近无氧呼吸消失点，对一般果蔬为3%～5%），使有氧呼吸降低到最低程度，但不激发无氧呼吸。

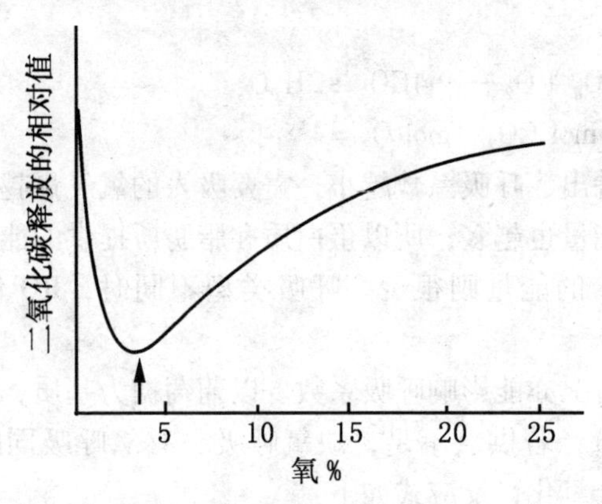

图3　果蔬无氧呼吸的消失点

②呼吸强度、呼吸商　呼吸强度是指在一定温度下，每公斤果蔬每小时释放的二氧化碳的毫克数或毫升数。

呼吸系数也称呼吸商，它是植物呼出的二氧化碳与吸进氧气之体积比，用 RQ 表示。在一定程度上可以根据呼吸系数来估计呼吸的性质和底物的种类。各种呼吸底物有着不同的 RQ 值。

以糖为呼吸底物，完全氧化时：

$$C_6H_{12}O_6 + 6O_2 \longrightarrow 6CO_2 + 6H_2O$$

$$RQ = 6mol\ CO_2/6mol\ O_2 = 1$$

当有机酸（苹果酸）作为呼吸底物，完全氧化时：

$$C_4H_6O_5 + 3O_2 \longrightarrow 4CO_2 + 3H_2O$$

$$RQ = 4mol\ CO_2/3mol\ O_2 = 1.33$$

以脂肪、蛋白质为呼吸基质，由于它们分子中含碳和氢比较多，含氧较少，呼吸氧化时消耗氧多，所以 $RQ < 1$，通常在 0.2～0.7之间。

例如，硬脂酸氧化时：

$$C_{1}8H_{3}6\ O_2 + 26\ O_2 \longrightarrow 18CO_2 + 18$$

$$RQ = 18mol\ CO_2/26mol\ O_2 = 0.69$$

若被氧化的物质含氧比糖类多时（例如，草酸），其氧化反应如下：

$$2C_2H_2O_4 + O_2 \longrightarrow 4CO_2 + 2H_2O$$

$$RQ = 4mol\ CO_2/1mol\ O_2 = 4$$

从而看出，呼吸系数越小，需要吸入的氧气量越大，在氧化时释放的能量也越多；所以蛋白质和脂肪所提供的能量很高，有机酸能供给的能量则很少。呼吸类型不同时，RQ 值的差异也很大。

供氧情况亦能影响呼吸系数。以葡萄糖为基质，进行有氧呼吸时 $RQ = 1$；若供氧不足，缺氧呼吸和有氧呼吸同时进行，则产生不完全氧化，反应式如下：

$$2C_6H_{12}O_6 + 6O_2 \longrightarrow 8CO_2 + 6H_2O + 2C_2H_5OH$$

$$RQ = 8mol\ CO_2/6mol\ O_2 = 1.33$$

由于无氧呼吸只释放二氧化碳而不吸收氧气，故 RQ 值增大。无氧呼吸所占比重越大，RQ 值也越大，因此，根据呼吸系数也可以大致了解缺氧呼吸的程度。

然而，呼吸是一个很复杂的过程，它可以同时有几种氧化程度不同的底物参与反应，并且可以同时进行几种不同方式的氧化代谢，因而测得的呼吸强度和呼吸系数只能综合反映出呼吸的总趋势，不可能准确表明呼吸的底物种类或无氧呼吸的程度。有时测得的资料常常不是氧气和二氧化碳在呼吸代谢中的真实数值。由于一些理化因素的影响，特别是氧气和二氧化碳的溶解度和扩散系数不同，会使测定资料发生偏差。此外，氧气和二氧化碳还可能有其他的来源，或者呼吸产生的二氧化碳又被固定在细胞内或合成为其他物质。例如 A. C. Hmme 等发现苹果、梨等在呼吸跃变期有一个加强的、呼吸循环以外的苹果酸、丙酮酸的脱羧作用，生成额外的二氧化碳，因而使呼吸商增大。C. T. Phon 指出，成熟果蔬的周缘组织甚至内层组织，都仍然有一定程度的光合活性，使得呼吸释放的一部分二氧化碳又重新被固定，而光合反应生成的氧气则部分地抵消了呼吸作用从空气中吸收的氧气。这些都会影响所测呼吸强度和呼吸系数的准确性。又如，当伏令夏橙与华盛顿脐橙处于 0～25℃时，果蔬的 RQ 值均接近 1 或等于 1，但是当温度提高到 38℃，伏令夏橙的 RQ 接近 1.5，华盛顿脐橙的 RQ 接近 2.0。这种现象表明，在高温下可能存在有机酸的氧化或者无氧呼吸占了上风，或者两者兼而有之。此外，有些果蔬的果皮透气性不良，无氧呼吸会在果蔬内进行。

（2）果蔬的呼吸类型

呼吸类型：根据果蔬采后呼吸强度的变化趋势，将其呼吸分为两种类型：

a. 呼吸跃变型

呼吸跃变型的果蔬采收以后随着果蔬的成熟呼吸下降；但是当果蔬进入完熟时，呼吸强度骤然升高，随着果蔬的衰老呼吸又下降。这类果蔬有明显的质量变化过程。这类果蔬有苹果、梨、香蕉、李、番茄等。

b. 呼吸非跃变型

非跃变型果蔬是随着果蔬的成熟呼吸下降，但是当果蔬进入完熟或衰老时，呼吸强度仍然下降，这类果蔬有葡萄、草莓、柑橘等。

（3）影响果蔬呼吸强度的因素

①温度：由于呼吸是在一系列酶作用下进行的，所以温度对呼吸强度的影响很大。一般以 35～40℃为高限温度。即在此温度以上，呼吸作用反而缓慢；在此温度以下至冰点温度以上这个范围内，呼吸强度随着温度的降低而降低。因此，在贮藏过程

中，应在果蔬不发生低温伤害的前提下要尽量保持低温。

在贮藏过程中，温度波动会引起果蔬呼吸强度的变化，而且即使温度波动幅度相同但温度的变化范围不同，引起的呼吸强度变化程度也不同。当环境温度提高10℃时，果蔬提高呼吸强度的倍数叫呼吸温度系数（Q_{10}）。一般水果的呼吸温度系数为2～2.5；但是，不同果蔬或同一果蔬在不同的温度范围内呼吸温度系数不同。果蔬在低温下的呼吸温度系数大于高温下。这就是说，果蔬在低温下贮藏温度的波动，对呼吸强度的影响比在高温下大。即在低温下每升高1℃或降低1℃都会引起呼吸强度剧烈的变化。因此，在低温贮藏、运输时，应该比在高温下更注意保持低而稳定的温度。

②贮藏环境气体成分：空气中的氧气和二氧化碳对水果和蔬菜的呼吸作用、成熟和衰老有很大的影响。适当降低氧气浓度，提高二氧化碳浓度，可以抑制呼吸，但不会干扰正常的代谢。

对于大多数水果和蔬菜来说比较合适的二氧化碳浓度为1%～5%，二氧化碳浓度过高会造成中毒。有人报道，当二氧化碳浓度达到10%时，有些果蔬的琥珀酸脱氢酶和烯醇式磷酸丙酮酸羧化酶的活性会受到显著的抑制。有人认为，所有的脱氢酶对二氧化碳都比较敏感，由于二氧化碳过高时会抑制呼吸酶活性，从而引起代谢失调。二氧化碳浓度大于20%时，无氧呼吸明显地增加乙醇、乙醛物质积累，对组织产生不可逆的伤害。它的危害甚至比缺氧伤害更严重，其损伤程度取决于果蔬周围二氧化碳和氧气的浓度、温度和持续时间。氧气和二氧化碳之间有拮抗作用，二氧化碳伤害可因提高氧气浓度而有所减轻；在较低氧气浓度中，二氧化碳的伤害则更严重。但在氧气浓度较高时，较高的二氧化碳对呼吸仍然能起到抑制作用。在氧耗尽的情况下，提高二氧化碳水平就会抑制正常呼吸的脱羧反应，使三羧酸循环减慢，而由于对三磷酸腺苷（ATP）供给能量不断需求，就会刺激糖酵解，丙酮酸便积累起来，丙酮酸被还原为乙醇时，产生 NAD。

③湿度：湿度并不象温度那样对呼吸有直接的影响。一般在干燥的情况下抑制呼吸，在过湿条件下呼吸加强。其原因是湿度不同，直接影响气孔的开启或关闭。大白菜经预晒后，其呼吸低于未处理的鲜菜。洋葱放到40%~50%湿度下，呼吸强度和发芽都会受到抑制。柑橘类如温州蜜橘，在过湿的条件下呼吸强度受到促进，生理代谢加强；果皮由于过分失水，呼吸作用加强，果汁中的碳水化合物消耗速度快，以至于发生“浮皮”现象。因此，在柑橘贮藏中，特别是温州蜜橘，在贮藏前要先进行干燥预处理（干燥指针为5%，即鲜重失水5%），防止浮皮果的发生。

④机械伤和生物侵染：物理伤害可刺激呼吸。Pollack 1958年报道：樱桃果实若受到挤压，压伤的部位易发生褐变，同时呼吸强度增加。马铃薯、甘薯切割后呼吸强度明显增加；一般甘薯切割20~24小时后呼吸开始提高，以后逐渐降低。切割面附近的呼吸强度最高，离切割面越近呼吸强度越高，切片越薄呼吸强度越大。擦伤的番茄在20℃下成熟时，可增加呼吸强度和乙烯的产生。呼吸强度的增加与擦伤的严重程度成正比，伏令夏橙从61厘米和122厘米的高度跌落到地面时，其呼吸强度增加10.9%~13.3%。果蔬受伤后，造成开放性伤口，可利用的氧增加，呼吸强度增加。试验证明，表面受伤的果蔬比完好果蔬氧的消耗高63%。另外，摔伤了的苹果中乙烯含量比完好的高得多，它促进呼吸高峰提早出现，不利于贮藏。果蔬表皮上的伤口，还给微生物的侵染开辟了方便之门；微生物在产品上生长发育，也会促进呼吸作用，不利于贮藏。因此，在采收、分级、包装、运输、贮藏各个环节中，应尽量避免果蔬受机械损伤。

⑤乙烯：乙烯气体可以刺激跃变型果蔬提早出现呼吸跃变，促进成熟。一旦跃变开始，再加入乙烯就没有任何影响了。用乙烯来处理非跃变的果蔬时也会产生一个类似的呼吸高峰，而且有

多次反应。其他的碳氢化合物如丙烷、乙炔等具有类似乙烯的作用。

⑥果蔬的种类与品种：在相同的温度条件下，不同种类、品种的果蔬呼吸强度差异很大，这是由它们本身的性质所决定的。例如，在0～3℃下，苹果的呼吸强度是1.5～14.0二氧化碳毫克/（公斤·时）；葡萄的是1.5～5.0二氧化碳毫克/（公斤·时）；甜橙的是2.0～3.0二氧化碳毫克/（公斤·时）；柿子是0.5～8.5二氧化碳毫克/（公斤·时）；菠萝是21二氧化碳毫克/（公斤·时）；番茄是18.8二氧化碳毫克/（公斤·时）；马铃薯是1.7～8.4二氧化碳毫克/（公斤·时）。1992年A. A. Kader根据果蔬呼吸强度的大小将果蔬分为六个级别（表7）。

表7　果蔬的呼吸强度范围（5℃）（参考 A. A. Kader，1992）

等级	呼吸强度（毫克/公斤·时）	产品
很低	<5	坚果、果干等
低	5～10	苹果、葡萄、猕猴桃、柿、柑橘、白兰瓜、菠萝等
中等	10～20	杏、香蕉、甘蓝、桃、李、无花果、樱桃、芒果、油桃、萝卜、番茄等
高	20～40	胡萝卜（带缨）、花椰菜、鳄梨等
很高	40～60	豆芽、莴苣、菜豆、黄秋葵等
极高	>60	蘑菇、豌豆、甜玉米、菠菜等

⑦发育年龄与成熟度：在果蔬的个体发育和器官发育过程中，幼龄时期呼吸强度最大，随着年龄的增长，呼吸强度逐渐下降。幼嫩蔬菜处于生长旺盛时期，各种代谢过程都很活跃，而且表皮保护组织尚未发育完善，组织内的细胞间隙也较大，便于气体交换，内层组织能获得较充足的氧，因此，呼吸强度较高，很难贮藏保鲜。老熟的瓜果和其他蔬菜，新陈代谢缓慢，表皮组织、蜡质和角质保护层加厚，呼吸强度降低，较耐贮藏。有一些

果蔬，如番茄在成熟时细胞壁中胶层分解，组织充水，细胞间隙因被堵塞而变小，因此，阻碍气体的交换，使呼吸强度下降。块茎、鳞茎类蔬菜在田间生长期间呼吸强度不断下降，进入休眠期呼吸降至最低点，休眠结束呼吸再次升高。跃变型果蔬的幼果呼吸旺盛，随果实的增大，呼吸强度下降，果实成熟时呼吸强度增大，高峰过后呼吸强度又下降，因此，跃变前期采收果蔬，并且人为地推迟呼吸高峰的到来，可以延长贮藏寿命。

总之，不同发育年龄的果蔬，细胞内原生质发育的程度不同，内在各细胞器的结构及相互联系不同，酶系统及其活性不同，物质的积累情况也不同，因此，所有这些差异都会影响果蔬的呼吸。

(4) 呼吸作用与果蔬贮藏的关系

①呼吸作用对果蔬贮藏的积极作用：果蔬的呼吸作用并不单纯是一个消极的作用，还有它有利的方面。

a. 提供代谢所需能量。由于果蔬采后仍然为一活体，仍然要进行一系列的代谢活动，而这些活动所需的能量来自于呼吸作用。

b. 对果蔬具有保护作用。通过呼吸可以增强对病虫害的抵抗能力。果蔬遭到伤害（例如，机械伤、二氧化硫伤害等）时，呼吸作用大大加强，这一部分呼吸也叫做伤呼吸。伤呼吸是果蔬自卫反应，其反应主要通过磷酸戊糖途径而产生大量的抗生物质（多酚类物质），其中莽草酸、绿原酸、咖啡酸、花青素可杀死或抑制病原微生物，因此，通常把这类物质叫抗生物质或植保素。另外，绿原酸、咖啡酸也是木质素合成的原料，当果蔬受到机械伤时呼吸作用加强，形成大量木质素，有利于果蔬伤口处愈伤组织的形成。

②呼吸作用对果蔬贮藏的消极作用：

a. 呼吸作用增强，可以导致更多的有机物质分解消耗，使果蔬甜度和酸度下降。例如：每公斤巨峰葡萄在0℃条件下，每小时能放出 2 毫克二氧化碳，贮藏 1 小时每公斤葡萄消耗的糖量为：

$C_2H_{12}O_6$（葡萄糖或果糖）+6 氧气→6 二氧化碳 +6 水 +673 大卡（能量）

180　　　　　　　　　　　264

x　　　　　　　　　　　　2

180：264 = X：2

X = 180 × 2/264

= 1.36（毫克）糖分

若贮藏 90 天，1 公斤巨峰葡萄在 0℃ 条件下消耗的糖分则为 1.36 × 24 × 90 = 2 937.6（毫克）。也就是说，巨峰葡萄在 0℃ 条件下贮藏 90 天，将有果实原重的近 0.3% 有机物质（主要是糖）被损耗掉。那么 1 万公斤葡萄在 0℃ 条件下贮藏 90 天，呼吸所消耗的糖分约为 30 公斤，数量是相当可观的。

b. 在有氧呼吸中，每消耗 1 摩尔的底物（糖），放出的 673 大卡能量中有 304 大卡用于葡萄的其他生理活动，剩余 369 大卡能量以热的形式释放出来；这部分热称为呼吸热。呼吸过程放出的大量呼吸热将引起果蔬贮运温度上升，对果蔬贮藏和运输是极为不利的。所以，果蔬在贮藏和运输过程中，一定要注意及时排除呼吸热。

2. 乙烯对果蔬成熟和衰老的影响

乙烯是所有植物和一些微生物组织产生的一种影响植物生理生化变化的有机化合物。乙烯作为植物激素对植物生长衰老等许多方面起作用，并且其浓度很低（低于 0.1×10^{-6}）时就具有生理活性。

乙烯的生理作用及贮藏环境中乙烯的控制，乙烯可以促进果蔬的成熟和衰老。不论是跃变型果蔬还是非跃变型果蔬都产生一定量的乙烯，这一部分乙烯叫内源乙烯。跃变型果蔬在发育期和成熟期的内源乙烯含量相差很大，在果蔬未成熟时内源乙烯含量很低，通常在果蔬进入成熟和呼吸高峰出现之前乙烯含量开始增加，并且出现一个与呼吸高峰相类似的乙烯高峰。

乙烯所启动果实成熟的阈值为0.1～1毫克/公斤。跃变型的果蔬对乙烯的敏感性比非跃变型的果蔬强，在阈值条件下只要温度、湿度适宜，仅需12小时或略多的时间，成熟就可发生。

采前与采后果蔬对乙烯的敏感性也不同，采收以后成熟的果蔬比未采收成熟的果蔬对乙烯敏感。例如，未采收的番茄需要5毫克/公斤的乙烯才能启动成熟，而采后只需1毫克/公斤乙烯即可启动成熟。

因此，在贮藏过程中，对于不同种类的果蔬，不同产地、不同成熟度的果蔬，不应放在同一贮藏库中或同一包装箱中。在诱导果蔬成熟时也应根据不同的成熟度采用不同的处理浓度和处理时间。

乙烯不仅能促进果蔬的成熟，还可以加快叶绿素的分解，使水果和蔬菜转黄，促进果蔬的衰老和品质下降。主要表现在黄瓜、菠菜、油菜、小白菜、芹菜、花椰菜等蔬菜。例如：甘蓝在1℃下，用10～100毫克/立方米的乙烯处理，5周后甘蓝的叶子变黄；抱子甘蓝在1℃下，4毫克/立方米的乙烯可使叶子变黄，引起腐烂；25℃下，0.5～5毫克/立方米的乙烯就会使黄瓜褪绿变黄，增加膜透性，瓜皮呈现水浸状斑点；0.1毫克/立方米的乙烯可使莴苣叶褐变。乙烯还会促进植物器官的脱落，可引起水果蔬菜质地变化，可加重某些果实的低温伤害，能够造成叶片产生褐斑或坏死。例如，莴苣受乙烯伤害生成锈斑。

抑制乙烯生成和作用的措施：抑制乙烯的生物合成和乙烯的作用，可有效地减缓果蔬采后的成熟和衰老，目前应用的方法有：

①提高二氧化碳的浓度、降低氧气的浓度。

②低温贮藏。在不造成果蔬冷害和冻害的前提下，尽量降低贮藏温度。

③避免伤害。由于机械伤、病虫害侵染都会刺激乙烯产生，因此，在果蔬的采收、分级、包装、运输和销售中都要轻拿轻放，避免损伤。

④施用乙烯合成抑制剂。例如 AOA、AVG 可以抑制 ACC 的合成；但是由于存在成本高和其他问题，目前生产上尚未大量应用。Ag^+ 和 Co^+ 已在鲜花上应用。MCP（1-氨基-1-羧基-环丙烯）是一种乙烯生理作用抑制剂和乙烯生物合成抑制剂，它具有成本低、效率高、使用方便、安全性高等特点，是一种非常有前途的乙烯抑制剂。它可有效抑制鲜花中乙烯的合成，抑制乙烯的作用，延长鲜花的货架寿命，目前已在生产上应用。

⑤排除果蔬贮藏环境中的乙烯。最简单方法是对果蔬贮藏库通风换气。冷藏和通风贮藏库中常用这种方法来排除乙烯。可是在气调（CA）或简易气调（MA）的环境中，却不能随时采取通风的方式；因为通风将破坏气调环境中的气体成分，所以需要使用乙烯氧化剂来脱除乙烯。目前生产上常用的乙烯氧化剂是高锰酸钾，将它配成饱和溶液，吸附在一些多孔载体上，置于气调贮藏库或塑料袋及塑料帐中，乙烯将被吸附氧化。常用的载体有碎砖块、桎石、氧化铝等。高锰酸钾失效后会由原来的紫红色变成砖红色，应及时更换。也可以用溴化物制成乙烯氧化剂。臭氧发生仪可利用臭氧的氧化性分解乙烯。碳分子筛对乙烯也有一定的吸附能力。

乙烯在生产上的应用：生产上应用乙烯可促进果蔬成熟的性质来对果蔬进行催熟处理，使果蔬提早上市或提高果蔬的外观品质。但是经乙烯处理以后的果蔬不能进行贮藏。绿色的柑橘消费者是不欢迎的，将采后的绿色柑橘在 20～30℃条件下，用 30 毫克/公斤的乙烯处理 30～60 小时，即可变黄。用 200～400 毫克/公斤乙烯利处理树上的金橘 4 周后金橘即可变黄采收。香蕉变黄以后果皮很易变褐、腐烂；因此，贮藏和运输绿色香蕉，并在上市之前作催熟处理，已成为目前广泛应用的一种方法。

3. 果蔬蒸发作用

一般果蔬的含水量在85%～96%，由于组织中含有丰富的水分，使其显现出新鲜饱满和脆嫩状态，显示出光泽，并具有一定的弹性和硬度。此外，水分还可参与代谢，是体内诸多可溶性物质的溶剂。在采收之前，由于蒸发而损失的水分可通过根系从土壤中得到补偿，采收之后，则难以得到任何补偿。果蔬采后的水分蒸发不仅使重量减少、品质降低，而且还使正常的代谢发生紊乱；不过适度的水分蒸发可降低组织的冰点，提高耐寒能力，还可降低果蔬的细胞膨压，降低产品对外界机械伤害的敏感程度。但是，过分失水对果蔬的贮藏是不利的。

4. 果蔬贮藏中的生理病害

果蔬由于生理失调而产生的病害叫生理病害。果蔬贮藏中最常见的生理病害有：冻害、冷害、气体伤害、缺钙等。这些病害不是由病原菌（致病微生物）和机械伤造成组织损伤引起的，而是由于环境条件不适，如温度、气体成分不适或生长发育期间营养不良造成的，生理失调是水果和蔬菜对逆境产生的一种反应。

（1）冻害　当果蔬处于其冰点以下的低温时，由于冻结而出现的伤害叫冻害。水果和蔬菜结冰时，首先细胞间隙中的水蒸气和水生成冰晶，少量的水分子按一定的排列方式形成细小的晶核；然后以它为核心，其余的水分子逐渐结合上去；冰晶的不断长大，造成细胞脱水。脱水必将引起细胞内氢离子、矿质离子的浓度增大，从而对原生质发生伤害。严重脱水会造成细胞质壁分离；脱水本身对原生质也有直接影响，它们最终都会导致原生质的不可逆变性；细胞间隙的冰晶也会对细胞产生一定的压力，使细胞壁受伤、破裂，最终导致细胞的死亡。

不同种类、不同含糖量、不同成熟度的果蔬冰点不同。大蒜的冰点温度较低，为－2.49～－2.73℃，洋葱为－1.59～－1.90℃，而黄瓜冰点温度仅为－0.41～－0.62℃，在水果中梨的冰点较低，葡萄、苹果的冰点低于－2℃。在同一种类果蔬中含糖量高的果蔬冰点较低。因此，对于在贮藏过程中不易发生冷害的果蔬，应根据其冰点温度来调节贮藏温度，使其在不发生冷害的最低温度下贮藏；这样可以最大程度地保持果蔬原有的品质和最长的贮藏寿命。

冻害的发生需要一定的时间，如果受冻的时间很短，细胞膜尚未受到损伤，细胞间结冰危害不大；通过缓慢升温解冻后，细胞间隙的水还可以回到细胞中去。但是，如果细胞间冻结造成的细胞脱水已经使膜受到了损伤，即使水果和蔬菜外表不立刻出现冻害症状，产品也会很快败坏。因此，在贮藏过程中一旦发现果蔬受冻，不要搬动，应马上提高库温（升到4℃）让其缓慢解冻；解冻后，如果果蔬没有受到伤害，则可继续贮藏。

(2) 冷害　冷害是指果蔬组织在冰点以上的不适低温下，由于生理失调而产生的伤害。冷害是果蔬贮藏过程中最易发生的一种生理病害，也是限制某些果蔬不能长期贮藏的主要因素。

①果蔬冷害的症状：不同果蔬产生冷害的温度及其冷害的症状是不同的（表8）。果蔬冷害的主要症状可以归纳为4类：

表8　果蔬冷害的临界温度及症状（R. E. Hardenburg，1986）

产品	临界温度(℃)	症状
苹果	2～3	内部褐变,褐心,湿性崩溃,软烫伤
桃、杏、梨、油桃、李	0～2	褐心
桃、杏、油桃、李	0～4	内部褐变,果肉絮状败坏,不能正常后熟
石榴	4.5	表现凹陷,内部褐变
葡萄柚	10	果皮褐色斑,凹陷,内部褐变,瓤囊壁水浸状
柠檬	11～13	果皮褐色斑,瓤囊壁和中心柱褐变
橘	3	果皮褐色斑,凹陷
鳄梨	4.5～13	果皮斑点,果肉变色,成熟不一致
香蕉(绿熟或黄熟)	11.5～13	果皮黑褐色,中心胎座硬化,不能正常后熟
菠萝	7～10	内部褐变或形成褐斑
芒果	10～13	果皮烫伤变色或有斑痕,后熟不均
番木瓜	7	果面烫伤,不能正常后熟,腐烂
哈密瓜	2～5	表面凹陷斑,腐烂

a. 表面产生水浸状斑或凹陷斑，如黄瓜、茄子、辣椒、菜豆等；

b. 表面变色，如香蕉、菜豆、茄子、黄秋葵等；

c. 内部组织发生变化，如梨褐心、苹果褐心、桃、李、杏果肉褐变等；

d. 产品不能正常成熟，如绿熟的番茄、辣椒、桃、李、杏等。通常果蔬的冷害症状往往是上述类型中的一种或多种。

②冷害的机理：冷害温度首先影响细胞膜。果蔬受冷害后，使细胞膜发生相变。膜发生相变以后，随着果蔬在冷害温度下时间的延长，有一系列的变化发生，如脂质凝固黏度增大，原生质流动减缓或停止等。膜的相变引起膜吸附酶活化能增加，造成细胞的能量短缺。与此同时，与膜结合在一起的酶活性的改变会引起细胞新陈代谢失调，有毒物质积累，使细胞中毒。膜的相变还使得膜的透性增加，导致了溶质渗漏及离子平衡的破坏，引起代谢失调。总之，膜的相变使正常的代谢受阻，刺激乙烯合成并使呼吸强度增高。而各种酶的活性都有自己最适温度；酶的作用及酶合成的动力也受温度的影响。在一定的温度下，有些酶被活化了，有的酶却无变化。例如，在冷害温度下，柠檬果皮中还原酶的活性要低于那些在非冷害温度下还原酶的活性。受冷害果蔬中过氧化氢酶的活性会增强。冷害发生时，果胶酯酶活性增加，它导致了不溶性果胶的分解，往往导致组织变软。

如果组织短暂受冷后就升温，仍可以恢复正常代谢而不造成损伤，如果受冷的时间很长，组织崩溃，细胞解体，就会导致冷害症状出现。

③防止和减轻冷害的措施：

a. 适温贮藏。各种果蔬的冷害临界温度不同，低于临界温度，就会有冷害症状出现。如果温度刚刚低于这个临界温度，那么冷害症状出现所需的时间相对要长一些。因此，防止冷害的最好方法是掌握果蔬的冷害临界温度，不要将果蔬置于临界温度以下的环境中。

b. 温度调节和温度锻炼。将果蔬在略高于冷害临界温度的环境中放一段时间，可以增加果蔬的抗冷性。但是也有研究表明，有些果蔬在临界温度以下，经过短时间的锻炼，然后置于较高的贮藏温度中，可以防止或减轻冷害。这种短期低温能够有效地防止菠萝黑心病、桃和李子果肉的褐变。

c. 间歇升温。采后改善冷对冷敏果蔬影响的另一种方法，是用一次或多次短期升温处理来中断其冷害。有许多报道，苹果、柑橘、黄瓜、桃、油桃、李、番茄、甘薯、黄秋葵贮藏中，用中间升温的方法可增加对冷害的抗性和延长贮藏寿命。如英国将苹果在0℃贮藏51天后，在18.8℃下放置5天，再转入0℃下继续贮藏30~50天，其冷害远远低于一直在0℃下贮藏的果实。黄瓜每3天从2.5℃间歇升温至12.5℃、持续18小时，可降低采后置于20℃下乙烯的产生、离子的渗出，以及凹陷和腐烂。尽管间歇升温能够起到减轻冷害的作用，但其作用机理还不清楚。有关研究认为（Lyons1973），升温期间可以使组织代谢掉冷害中累积的有害物质，或使组织恢复冷害中被消耗的物质。Moline（1976）、Niki（1979）证明，受冷害损坏的植物细胞中细胞器超微结构在升温时可以恢复。

d. 变温处理。鸭梨在冷藏过程中易发生黑心病，这主要是由于采后突然将温度降到0℃所引起的低温生理伤害。目前生产上成功地应用逐渐降温的方法解决了鸭梨冷藏冷害问题。Fidler等（1969）采用变温处理，将南非核果由水路运往欧洲，在开始的4~5天采用-0.5℃，然后将温度提高到7.7℃，到达终点时，果实没有发生内部褐变和不能成熟现象。采用每次降低2.7℃的方法，可以把香蕉的冷害（凹陷斑纹）从90.6%下降到8.9%，把油梨的冷害从30.0%下降到1.7%。这种贮前逐步降温效应与果蔬的代谢类型有关，只有有呼吸高峰型的果蔬才有反应，对非呼吸高峰型的果蔬，如柠檬和葡萄柚逐步降温对减轻冷害无效。如果果蔬采前已经受到冷害温度的影响，采后立即放到温暖处可以减轻损伤。例如，将甘薯采后放在29.5℃中8天，可以抵消田间1℃下1天或7.2℃下4天的低温伤害；番茄在20℃下2～3天可以消除它在0℃下2～3天的低温不良影响。

e. 湿度调节。接近100%的相对湿度可以减轻冷害症状，相对湿度过低则会加重冷害症状。Morris（1938）等观察到黄瓜和辣椒在100%的相对湿度下凹陷斑减少；Mcco11och（1962）观察到辣椒在0℃及相对湿度88%～90%的环境中贮藏12天，凹陷斑为67%，而在同样温度和时间及96%～98%的相对湿度中，凹陷斑为33%。Wardlaw（1961）报道，大密哈香蕉在10℃下短时间内就会发生冷害，而用塑料袋包装的却没有冷害发生。其原因：一方面是袋内的温度较高（11.6℃）；另一方面可能是袋内湿度较高的缘故。实际上高湿并不能减轻低温对细胞的伤害，高湿并不是使冷害减轻的直接原因，只是环境的高湿度降低了产品的蒸腾作用。同样，涂了蜡的葡萄柚和黄瓜受冷害时凹陷斑之所以降低，也是因为抑制了水分的蒸发。

f. 化学处理。有一些化学物质可以通过降低水分的损失、修饰细胞膜脂类的化学组成和增加抗氧物的活性来增加果蔬对冷害的忍受力，以有效地减轻冷害。贮藏前氯化钙处理可以减少鳄梨维管束发黑及减少苹果和梨因低温造成的内部降解；也可减轻番茄、秋葵的冷害，但不影响成熟。Wang等（1979）发现，乙氧基喹和苯甲酸钠都有自由基清除剂的作用，用它们处理黄瓜和甜椒，使细胞膜极性脂类中十八碳脂肪酸有较高的不饱和度，从而减轻黄瓜和甜椒的冷害。贮藏前应用二甲基聚硅氧烷，红花油和矿物油处理，可以减轻贮于9℃下的香蕉的失水和防止其表皮变黑。贮前用植物油涂布，也可减轻葡萄柚在3℃的冷害症状。

g. 激素控制。生长调节剂会影响各种各样的生理和生化过程，而一些生长调节剂的含量和平衡，还会影响果蔬组织对冷害的抗性。用ABA（脱落酸）进行预处理可以减轻葡萄柚、番木瓜的冷害。ABA减轻冷害的机理，可能是由于它们具有抗蒸腾剂的活性及对细胞膜降解有抑制作用；ABA还可以通过稳定微系统，抑制细胞质渗透性的增加及阻止还原型谷光甘肽的丧失，使果蔬不受冷害。将Honey Dew甜瓜在20℃和含有1 000毫克/立方米乙烯的环境中放置24小时，可以减轻其随后在2.5℃下贮藏期间的冷害。番木瓜、旭苹果在采后冷藏之前，用外源多胺处理可增加内源多胺含量，以减少冷害。据推测，多胺可与细胞膜的阳离子化合物相互作用，稳定双层脂类的表面。此外，多胺还可以作为自由基清除剂，保护细胞膜不受过氧化。

（3）气体伤害 低氧和高二氧化碳能够抑制果蔬的呼吸代谢、乙烯合成和生理作用，延长果蔬的贮藏寿命。这是气调贮藏的原理所在。但是，如果气体成分不当，将会造成果蔬伤害的发生。在生产中，气体伤害对贮户所造成的经济损失比由病原菌所引起的腐烂或其他伤害威胁性更大。一旦果蔬发生气体伤害，将导致库中大部分或者整库果蔬的伤害，这是无法挽回的，特别是大型气调库危险性更大。因此，在贮藏过程中一定要注意合理应用气体成分。

不同种类、品种、产地的果蔬对气体的适应性不同，这与果蔬本身的生理生化条件有关。例如，大樱桃、草莓、蒜薹、金帅苹果、红星苹果、韭薹等都是耐二氧化碳的果蔬，有的甚至能忍耐20%的二氧化碳；又如蒜薹、苹果、草莓、桃较耐低氧。目前国外采用超低氧（1.2%氧气）贮藏苹果，就是利用了这一特性。果蔬发生低氧伤害的主要症状，是果蔬表皮组织局部塌陷、褐变、软化、不能正常成熟、产生酒精味和异味。苹果低氧的外部伤害为果皮上呈现界线明显的褐色斑，由小条状向整个果面发展，褐色的深度取决于苹果的底色。低氧的内部伤害是褐色软木斑和形成空洞，有内部损伤的地方有时与外部伤害相邻，有内部损伤的地方常常发生腐烂，但总是保持一定的轮廓。此外，低氧症状还包括酒精损伤，果皮有时形成白色或紫色斑块。抱子甘蓝在2.5℃和浓度为0.5%氧气中2周，心叶变成铁锈色，煮熟后有一种特殊苦味。甘蓝在上述条件下，分生组织褐变。花椰菜在5℃，0.5%的氧气下贮藏8天，然后在10℃下3天，会出现低氧伤害，块状花序凹陷，小花呈浅褐色。当伤害不严重时，只有在煮熟后才表现出症状。亚洲梨在0℃和浓度为1%的氧气下4个月，表皮会出现青铜色凹陷；鸭梨或慈梨在0℃和浓度为1%的氧气下30天或浓度为2%的氧气下50天可引起果肉褐变。

高二氧化碳伤害的症状与低氧伤害相似，主要表现为果蔬表面或内部组织或两者都发生褐变，出现褐斑、凹陷或组织脱水萎蔫甚至形成空腔。如苹果果心发红，苹果和梨的褐心，鸭梨、莱阳梨等白梨系统的梨对二氧化碳非常敏感，贮藏过程中二氧化碳超过1%时，会增加果蔬的黑心病发生率。二氧化碳伤害往往伴随着果蔬绿色的加深，这会给人们造成保鲜效果好的假象。例如，二氧化碳伤害的莱阳梨表皮非常绿，蒜薹在贮藏过程中二氧化碳伤害初期比正常情况显得格外绿。在生产上，高二氧化碳伤害比低氧伤害更严重。其伤害不仅与氧气、二氧化碳的浓度、果蔬的种类有关，而且与果蔬贮藏的环境温度、湿度、贮藏时间、果蔬的成熟度等诸多因素有关。气体伤害主要是破坏了果蔬的正常呼吸代谢，在细胞中积累有害物质及破坏细胞膜的完整性。

(4) **缺钙生理病害** 钙可以抑制果蔬的呼吸作用和其他代谢过程。钙与细胞中的果胶物质结合在一起，形成果胶酸钙。果胶酸钙与细胞膜的稳定性有关，所以加钙能够抑制果蔬的软化，保护果蔬细胞膜结构的稳定性，减少逆境对细胞的伤害。

果蔬缺钙主要是由于果蔬在生长过程中土壤中可以利用的钙不足或果蔬吸收钙的能力偏低所造成的。目前，为了防止果蔬缺钙，在生产上通常采用的几种方法为：

①喷钙处理：采前15天，每隔7天对果蔬进行喷钙处理，常用0.5%~1%的氯化钙，也可用硝酸钙；但要注意有些果蔬易发生硝酸钙中毒。

②浸钙处理：采后浸钙也是较常用的一种方法。浸钙的方法有常压浸钙和真空浸钙。常压浸钙是果蔬采后直接浸入1%～2%的氯化钙中，苹果应用此法可有效防止贮藏过程中虎皮病的发生。真空浸钙，钙的吸收率高，效果好于常压浸钙。但是采后浸钙只适合于对水不敏感的果蔬，采后遇水易腐烂果蔬不适合于此法。

(5) 其他化学物质伤害　果蔬贮藏过程中经常发生一些化学物质引起的伤害，如保鲜剂伤害和制冷剂伤害。

①保鲜剂伤害：保鲜剂伤害有：仲丁胺伤害、二氧化硫伤害、酸伤害、特克多伤害、碱伤害、高锰酸钾伤害等。伤害主要由于采后贮藏过程中保鲜剂使用不当造成。保鲜剂都是根据果蔬对化学物质的适应性以及杀菌性能而研制的。不同的果蔬有不同的保鲜剂和保鲜剂的使用浓度，滥用或用量过度都可能引起果蔬发生伤害。

a. 仲丁胺伤害。果蔬表现的症状为果皮出现黑色的斑点，严重者黑斑连成片，并深入到果实内部组织，直至整个果蔬变黑。不同的果蔬对仲丁胺的忍耐程度不同，其中辣椒、葡萄、蒜薹、苹果、梨等耐性较强，而李、大樱桃、马铃薯对仲丁胺较敏感。

b. 二氧化硫伤害。二氧化硫是目前国内外通用的一种葡萄保鲜剂。它可有效防止葡萄贮藏过程中由于灰霉菌而造成的腐烂，并具有保鲜的作用；但是，由于其杀菌的有效浓度与对葡萄伤害的浓度相近，因此，在贮藏过程中使用不当会造成果实伤害的发生。葡萄二氧化硫伤害的症状为近果蒂部的果实组织发生环状漂白斑点，严重者果面上也出现漂白斑点，伤害处易腐烂并有硫的异味。二氧化硫伤害与葡萄品种、葡萄采收时的成熟度、贮藏的温度、贮藏的湿度以及保鲜剂的释放速度有关。成熟度低、贮藏温度高、湿度大果实易发生二氧化硫伤害。葡萄对二氧化硫的忍耐程度还与本身的抗氧化系统、汁液pH缓冲容量、抗御能

力有关，

c. 酸伤害。贮藏中的果蔬表面出现凹陷斑点，这主要由于保鲜剂酸度过大或应用浓度过大所造成的。

d. 碱性伤害及高锰酸钾伤害。其症状是，近碱性保鲜剂或高锰酸钾附近的果蔬表皮变黑。

e. 氨伤害。氨会造成果蔬出现表皮变黑或凹陷的斑点。氨伤害在大型冷库中经常发生。因为，大型冷库制冷剂为氨，当管道有裂缝时，便由于氨泄漏而造成氨伤害。

四、果蔬采后商品化处理

随着我国进入 WTO，对果蔬的采后商品化处理要求越来越高。果蔬采后处理、分级和包装是果蔬采后的重要工作，它们对保证果蔬质量，方便贮运，促进销售，便于食用和提高产品的竞争力具有重要意义。发达国家特别重视这些新技术的研究和开发，现在已基本做到机械化、自动化，并已在商业上大量应用，取得了显著的经济效益。目前国内对果蔬采后商品化处理也日益重视，并已取得了可喜的进步。

（一）果蔬采收期

1. 果蔬适期采收的意义

果品蔬菜的产量和品质同其采收期有着密切的关系，只有适时采收，才能获得耐藏性好的果实，以满足贮藏的需要，采收过早过晚都影响果品蔬菜的质量。

（1）*采收过早或过晚都会造成果蔬减产*　采收过早，果蔬尚未充分成熟，果蔬的大小和重量达不到最大程度；采收过晚，能够导致落果而减产，并使幼芽形成的能力减弱，有可能降低来年果实产量。应该指出的是，许多品种的苹果在其发育的最后阶段每天增重1%～2%（晚熟品种增重0.5%）。因此，提前采收能够导致果实产量减少。

（2）*采收过早或过晚都会影响果蔬的品质*　果实在接近成熟时，果实中的糖、有机酸、芳香物质等各种化学成分都发生很大变化：大量的淀粉转化为糖，酸味逐渐减少，形成该品种固有的风味，同时，果实在接近成熟时，也是着色最快的时候。果蔬采收过早或过晚，其色、香、味、质和营养都会出现不良现象，从而达不到应有的品质。采收过早，不仅果实的大小和重量达不到最大程度，果实内部的营养物质也不丰富，色、香、味都达不到该品种的标准；采收过晚，果实容易“发绵”，风味变淡，品质降低。

（3）*采收过早或过晚都会影响果蔬的耐贮运性* 采收过早或过晚，易使果蔬在贮运过程中发生生理病害和由微生物引起的侵染性病害。过早采收的果实比适期采收的果实失水快。因为这些果实的表皮结构（蜡质层、角质层和表皮细胞）发育和形成不完全，果实的表面积比也较大，有更多的开放气孔，所以这些果实在贮藏时易出现萎蔫、褶缩，丧失商品外观。那些未成熟的、着色不良的果实常常易患虎皮病，有些品种（如金冠苹果）的未成熟果实在贮藏中极易发生苦陷病。采收过晚，一般果实在生理上达到完全成熟，呼吸高峰到来，水解过程加剧，果实很快到达过熟阶段，因而降低了果实的品质指标及其耐贮运性。在最佳采收期采收的果实，贮藏结束时，出库的好果率最高，而采收过早或过晚的果实，出库的好果率都会大大降低。

2. 果蔬适宜采收期的确定及方法

确定果品和蔬菜成熟主要看：色泽、硬度、果实的生长期、化学测定、生理测定等方面。果蔬采收以后，一般用于直接上市、贮藏、运输或加工，所以决定产品的适宜采收期要根据利用目的而定，即根据园艺成熟度或叫商业成熟度采收。由于生理成熟度往往与果蔬的耐贮运性密切相关，因此，要成功地贮藏水果和蔬菜，必须选好果蔬采收时的成熟度以及入库贮藏时的成熟度。鉴于每一个品种果蔬都具有本品种所固有的最佳成熟度指标，这个指标既能保证该果蔬贮藏时间最长，出库时好果率最高，又能保证其品质降低最少。

果蔬采收期的确定，实际上是确定果蔬采收时的成熟度。反映果蔬成熟度的特征有一系列客观指标，通过这些指标来客观地确定不同种类、不同品种果蔬的最佳采收期。确定果蔬采收期和成熟度的方法有物理评价、化学分析、生理指标评价、果实生长期和植株生长状态等方法，也可分为主观经验评价法和仪器分析法。尽管在实际应用时，确定果蔬类，大部分蔬菜仍靠经验来确定成熟度和采收期的物理评价方法取得了很大进展，但其应用范围主要限于某些豆类、果菜类、瓜类和果实收期。

（二）果蔬采后处理

1. 预冷

预冷是果蔬采后保鲜的一项关键措施。在预冷过程中提高果蔬冷却速度，有助于更好的保持果蔬鲜度，更能延长果蔬的贮藏期和货架期，从而提高采后增值的可能性。

（1）预冷的意义　果品蔬菜采收后，仍然再进行着呼吸和蒸腾作用，只有尽快地降低温度才能最大限度地减少损耗。采后的果蔬仍然是有生命的，不断发生着各种物理的、生理的和生化的变化，而且采后的产品由于其体温很高，这种变化变得更加剧烈，由此降低果蔬的品质、风味和营养成分，促进衰老，造成微生物侵染和腐烂，并大大缩短贮藏和运输期限，增大贮运的风险。延缓这种变化惟一的办法就是采后立即而快速地降低果蔬的体温，从而快速抑制呼吸；快速抑制失水；减缓衰老和抑制病原菌和生理病害的发生；减轻冷藏库、冷藏车和冷藏船的制冷负荷及温度波动；提供高质量的果蔬产品，延长贮运期限，降低贮运风险。这在炎热季节和对化学成分变化快、易腐的果蔬尤为重要。采用一些技术措施，使采收后的果蔬快速冷却到接近运输和贮藏要求的温度这一过程叫做预冷。

（2）预冷应遵循的原则

①采收的果蔬要及早进入预冷过程和尽快达到预冷要求的温度，并根据果蔬种类选择最佳预冷方式。一次预冷的数量要适

当，要合理包装和码垛，尽快使产品达到预冷要求的温度。

②预冷的最终温度要适当，一般各种果蔬的冷藏适温就是预冷终温的大致标准。还可以根据销售时间的长短、产品的易腐性、变质快慢、酶活性高低和化学成分变化的快慢来适当调整终温。预冷要注意防止冷害和冻害。

③预冷后，必须立即把产品贮入提前预冷好的冷藏库或冷藏车内。

实现产品预冷主要通过热传导和水分蒸发，所以导热和蒸发能力大小直接影响预冷速度。而这两者既受到产品特性的影响，又受到预冷条件的影响。因此，第一要根据产品特性选择适宜的预冷方式；第二要调节预冷条件使其有利于产品冷却。加强空气对流，加快水的流动，加大果蔬与冷媒（水、风、冰）的温差，降低环境湿度和气压（真空预冷），合理包装和码垛都有利于产品的冷却。

2. 化学物质处理

（1）防腐剂　近年来，由于果蔬的长期贮藏、密封包装及长途运输的发展，使果蔬在贮运期间的防腐成为突出问题。造成果蔬采后腐烂的主要原因是由青霉、绿霉、灰霉、蒂腐、炭疽、链格孢属和念珠菌属等真菌所造成的采后病害。避免果蔬表皮的破伤和设法延缓果蔬的衰老与过熟，提高果蔬自身的抵抗能力，是果蔬防腐的首要条件；消除侵染源，减少真菌对果蔬的污染是果蔬防腐的根本措施。前者就是通常所说的“保鲜”，后者就是“防腐”；但果蔬的衰老与过熟和腐烂紧密相关，所以“保鲜”与“防腐”又不能截然分开，这是两个有区别而又互相关联的概念。防腐是针对有害微生物的，保鲜是针对过熟与衰老的。为达到防腐与保鲜的目的，所用的化学药剂统称为防腐保鲜剂。

合理地应用化学药剂是防止果蔬采后腐烂的有效方法之一，近年来世界各国都在普遍采用。从施药时间来说，可分为采前施药和采后处理两种。果蔬的采后防腐处理包括环境消毒和防腐两方面。

①环境消毒剂：氧化性消毒剂有氯水、漂白粉、漂粉精、次氯酸钠溶液（安替福民）、臭氧等，使用中他们均可放出原子态氧或氯而杀菌。使用氯水最好维持溶液为弱碱性，使之形成次氯酸盐，以防止氯气的损失。使用漂白粉可用10%溶液。用漂粉精，由于其有效氯含量高，用5%左右的溶液即可。国家农产品保鲜工程技术研究中心（天津）研制开发的库房消毒烟剂，可取得很好的库房消毒作用。

②果蔬采后常用的防腐剂：果蔬采后病害的防治是由采前防治发展而来，因此，采后用药也都是采前用药的延伸。

现在使用的果蔬采后防腐剂可按其能否透过果蔬的表皮而分为两类：一类是可以透过的，称为内吸性杀菌剂；一类是不能透过的，称为非内吸性杀菌剂或保护性杀菌剂。TBZ等苯并咪唑类杀菌剂和抑霉唑（伊迈唑 Imazalil）等均为内吸性杀菌剂。SOPP、2-AB和氯硝胺等均为保护性杀菌剂，它们都是碱性物质，果实的伤口均显酸性，这就造成了伤口对药剂的特殊的吸收能力，也就等于药剂自动在伤口处形成一个高浓度环境，从而有效地保护了伤口。但由于它们无内吸性，所以若果实在施药后再出现伤口时仍会被侵染。这两类杀菌剂各有优缺点，内吸性杀菌剂可以保护果实在施药后再出现伤口时不被侵染，但由于它渗入果肉，所以残留量高；保护性杀菌剂不能保护果实在施药后再出现伤口时不被侵染，但由于药剂在果面上，食用前可以洗掉，因而残留量低。

仲丁胺是一种抑菌杀菌剂，低浓度可以抑制孢子萌发或使其畸形，从而延缓发病；高浓度即可杀死真菌孢子。它对细菌和酵母的效果很差。仲丁胺的特点是可以熏蒸，也可浸果，并可与多种药剂、蜡等配合使用，它在动物体内吸收快、代谢快、无积累，对苹果、柑橘、葡萄、蔬菜等均可使用。

二氧化硫及几种亚硫酸盐很早就在食品中作漂白剂、防腐剂使用。可熏蒸、浸果，也可做成不同形式的缓释剂（如市售的保鲜片）。在应用中应注意，二氧化硫可使一些颜色消退，其中以花青素（红或紫）最明显，类胡萝卜素黄色次之。长期以来一直认为二氧化硫对所有的消费者都是无害的，但自 1981 年以来，Barer 等人注意到二氧化硫可使一部分哮喘病人诱发哮喘，所以在 1985 年 FASEB 重新评价了二氧化硫的安全性。现在看来，决定二氧化硫在果蔬中可否应用，必须以低残留的二氧化硫的安全性为前提。

二氧化氯为世界卫生组织（WHO）指定的 AI 级安全消毒剂，无毒、无害、无残留，具有消毒、漂白、保鲜、除臭等功能。目前国家农产品保鲜工程技术研究中心（天津）研制成功的各种二氧化氯果蔬保鲜剂，它具有防腐、消除贮藏环境中的乙烯等有害气体、除臭等多种作用。

（2）化学物质处理的时期和方式

①处理时期：化学处理根据施用化学物质的时间可分为采前处理和采后处理两种。特别是采前施用防腐剂可以预防田间侵染和减少果实的带菌量。一般采后化学处理要与水预冷和清洗结合起来进行，但也有单独进行处理的。采后处理是果蔬贮运保鲜的主要环节，这是因为采摘和贮运中总避免不了对果蔬的碰、压和擦伤，在贮运过程中为了防止果蔬萎蔫又必须维持高湿度。这种条件正为果蔬表面上潜伏的真菌孢子创造了侵染的机会。因此，采后如不及时进行防腐处理势必在短期内就出现腐烂高峰，所以采后处理是必不可少的防腐措施。

②处理方式：化学物质处理有各种方式，要根据化学物质性质、包装形式和产品特性选择使用。a. 喷淋：把化学物质配成一定浓度的溶液喷在产品上。b. 浸渍：采后把配成一定浓度的溶液放在水预冷池或清洗池内，把果蔬浸入池内进行处理。c. 烟熏和熏蒸：即一些具有挥发性的化学液体和固体在包装容器内释放出来，或有些化学物质通过燃烧将一些有效成分释放到

贮藏库内。以亚硫酸盐制成的葡萄保鲜剂，特别是 CT 系列防腐保鲜剂是由国家农产品保鲜工程技术研究中心（天津）研制开发的高效、低毒、绿色、安全的熏蒸式果蔬防腐保鲜剂，以 CT-2 葡萄专用型为主要开发产品，主剂亚硫酸盐释放有效防腐保鲜成分为二氧化硫，药效“启动开关”为二氧化碳和水，即当贮藏环境中二氧化碳和水达一定浓度时，就开始释放二氧化硫，起到熏蒸防霉作用。d. 药纸和纸格浸药包装：药纸包果是先将药喷洒在纸上吸收，干燥后封好运往产地包果。

（3）化学物质处理应注意的事项　应根据不同产品的发病情况选择不同的药物处理；根据不同情况选择适宜的处理浓度和不同的处理方式；根据不同情况选择处理次数和时间间隔。要严格遵循产品销售所在国的卫生法，考虑该国是否允许使用该药物，即出口国必须采用进口国法律允许的防治处理方法，要严格控制残留极限量。

3. 物理方法处理

（1）辐射处理　电离辐射可抑制水果的成熟、衰老和蔬菜的发芽，抑制微生物导致的腐烂及减少害虫孳生，从而延长产品的贮藏寿命。一般用于水果和蔬菜的是低辐射剂量处理，对产品感官特性和风味的影响不大。辐射剂量不同时所起的作用也不相同。电离辐射对水果和蔬菜的影响：干扰基础代谢过程，延缓成熟和衰老 Akamine 等报道，1 000Gy 左右的剂量可以推迟番木瓜呼吸高峰的出现，延缓成熟和延长贮藏寿命，750Gy 以下的剂量对推迟呼吸高峰的影响不大。当番木瓜 25% 的表皮呈现黄色时，辐射处理则不能延缓呼吸高峰的出现。绿熟至 1/4 成熟的番木瓜用 1 000Gy 以上的剂量照射时，会导致表皮烫伤和延迟着色。

（2）离子空气和臭氧处理　产品不直接处在电场中，而是使高压放电形成的离子空气和臭氧处理产品。

①负离子的保鲜作用：果蔬离开生产领域后所发生的一系列生理生化变化，从生物蓄电池角度看，可以认为是电荷不断积累

和工作的过程。在贮藏中要减少和避免有机物质的消耗，就必须减少或中止这个过程。负离子的作用在于中和果蔬内积累的正电荷，降低植物电势，抑制代谢酶的活性和电子传递系统，减缓营养物质的转化，从而降低果蔬的呼吸强度。

②臭氧的防腐保鲜作用：臭氧是仅次于氟的强氧化剂，很不稳定，易分解产生新生态的单原子氧，这种单原子氧的氧化能力比氧大 1.65 倍，具有很强烈的杀菌防腐作用，它能强烈地破坏微生物的细胞膜，使微生物休克死亡，对细菌和病毒杀伤力更强，对霉菌高浓度具有杀死作用，低浓度能抑制其生理活性，特别是对青绿霉菌和交链孢霉抑制力较强。臭氧除具有较强的防腐作用外，还能够氧化许多饱和及不饱和的有机物质，对果蔬贮藏保鲜来讲，它能氧化破坏贮藏环境中的乙烯。

4. 生物防治采后病害

研究发现，多种酵母菌、丝状真菌与细菌是苹果、梨与柑橘等果实上的多种真菌病原微生物的竞争性抑制剂。通过提高采收时拮抗性微生物的浓度，可以很好地控制贮藏期间苹果的青霉与灰霉病以及柑橘的青霉病。

天然微生物拮抗剂可以控制导致严重果实采后病害的伤害病原菌。目前，已经筛选出两种对果实采后伤害病原菌微生物具有广谱活性的、不产生抗生素的酵母菌。基于拮抗剂对普通杀菌剂敏感性的研究结果，未来微生物拮抗剂研究的目标应是采用综合途径即拮抗剂与低剂量选择性杀菌剂配合贮藏条件的调控，这将比单一应用拮抗剂更能有效控制采后腐烂。

（三）果蔬分级和包装

1. 分级

（1）分级的目的和意义　水果和蔬菜采收以后，应该经过一系列商品化处理再进入流通环节。分级的主要目的是使果蔬商品化。

通过分级可区分产品的质量，为其使用性和价值提供参数；等级标准在销售中可作为一个重要的工具，给生产者、收购者和流通渠道中各环节提供贸易语言；等级标准是评定产品质量的技术准则和客观依据；分等分级也有助于生产者和水果蔬菜经营管理者在产品上市前的准备工作和标价。等级标准还能够为优质优价提供依据；能够以同一标准对不同市场上销售产品的质量进行比较，有利于引导市场价格及提供信息；有助于解决买方和卖方赔偿损失的要求和争论，当产销双方对产品质量发生争议时，可根据产品标准作出裁决。

分级标准的其他功能还有：有助于确定产品在贮藏期间的货款价值；可以确保军事部门和政府各部门所定购产品的质量；能够为饭店，航运业和其他食品行业提供水果和蔬菜的订购明细表；能够为未来市场的水果和蔬菜贸易打下基础。总之，分级的主要目的，是使产品达到商品标准化。由于水果和蔬菜在生长发育过程中受到外界多种因素的影响，同一株树上的果实也不可能完全一样，从若干果园中收购上来的果品更是大小混杂，良莠不齐。只有通过分级才能按级定价，便于收购、贮藏、销售和包装。分级不仅可以贯彻优质优价的政策，还能推动果树栽培管理技术的发展和提高产品的质量。通过挑选分级，剔出有病虫害和机械伤的产品，可以减少贮藏中的损失，减轻病虫害的传播。此外，可将剔出的残次品及时加工处理，以降低成本和减少浪费。水果等级的标准化，是生产者、经营者和消费者之间互相促进、互相监督的纽带，应该引起全民高度重视。社会主义国家的商品标准，应由国家颁布并且产生法律上的效力。

（2）分级标准　在国外有国际标准、国家标准、协会标准和企业标准 4 种。水果的国际标准是 1954 年在日内瓦由欧共体制定的，许多标准已经过重新修订，主要是为了促进经济合作和发展。第一个欧洲国际标准是 1961 年为苹果和梨颁布的。目前已有37种产品有了标准，每一种包括三个贸易级，每级可有一定的不合格率。特级—特好，1级—好，2级—销售贸易级（包括可进入国际贸易的散装产品）。这些标准或要求，在欧共体国家水果和蔬菜进出口上是强制性的，由欧共体进出口国家检查品质和给予证明。国际标准一般标龄偏长，其内容和水平受西方各国的国家标准的影响，国际标准虽属非强制性的标准，但一般水平较高。国际标准和各国的国家标准是世界各国均可采用的分级标准。

我国《标准化法》根据标准的适应领域和有效范围，把标准分为四级：国家标准、行业标准、地方标准和企业标准。国家标准是由国家标准化主管机构批准发布，在全国范围内统一使用的标准。行业标准即专业标准、部标准，是在没有国家标准的情况下由主管机构或专业标准化组织批准发布，并在某个行业范围内统一使用的标准。地方标准是在没有国家标准和行业标准的情况下，由地方制定、批准发布，并在本行政区域范围内统一使用的标准。企业标准是由企业制定发布，并在本企业内统一使用的标准。

我国现有的果品质量标准约有16个，其中鲜苹果、鲜梨、香蕉、鲜龙眼、核桃、板栗、红枣都已经制定了国家标准。此外还制定了一些行业标准，如香蕉的销售质量，梨销售质量，出口鲜苹果检验方法，出口鲜甜橙、鲜宽皮柑橘、鲜柠檬等；鲜柑橘制定了供销社标准。一些干果和加工品也有了标准，如金丝蜜枣，杏干、葡萄干和杨梅系列产品通用技术条件等。目前正在制定的标准有荔枝、柑橘、菠萝、桃、草莓、苹果销售质量标准。1992年制定的标准有猕猴桃、葡萄、杏的等级标准及杏脯、桃脯及果酱的标准。

我国台湾省的鲜果标准有11个，有凤梨（菠萝）等级及包装，柑橘、温州蜜柑等级及包装，柠檬等级及包装，温州蜜柑检验法，香蕉等级及包装，枇杷等级，葡萄等级，梨等级，苹果等级，桃等级。

我国“七五”期间对一些蔬菜等级及鲜蔬菜的通用包装技术都制定了国家或行业标准，如大白菜、花椰菜、青椒、黄瓜、番茄、蒜薹、芹菜、菜豆和韭菜等。

我国台湾省多种蔬菜有等级标准，如菜豆（外销）、菠菜、芹菜、雍菜、辣椒、冬笋、冬瓜、硬英豌豆、菱臼笋、丝瓜、苦瓜、甜椒（外销）、胡萝卜、莲藕（外销）、南瓜、马铃薯等，还有一些等级及包装标准，如花椰菜等级及包装、结球白菜等级及包装、番茄等级及包装、生姜等级及包装、洋葱等级及包装、甘蓝等级及包装等。

在美国大多数新鲜水果和蔬菜由批发商按美国农业部的分级标准进行销售，分级标准为批发商的交易提供了一个共同基准，提供了定价方法。但是每成交一批水果，批发交易的一方或多方，都必须付给美国农业部的检查员一笔费用。美国农业部对新鲜水果和蔬菜的正式分级标准为：特级—质量最上乘的产品；一级—为主要贸易级，大部分产品属于此范围，它指产品在商品化包装条件下，平均质量好，二级—产品质量介于一级和三级之间，质量明显比三级的好；三级—产品在正常条件下包装，是可销售的质量最次的产品。在美国除了美国农业部的标准外，还有少数几个州有自己的园艺产品分级标准，如加利福尼亚州。在美国有一些行业设立了自己的质量标准或某一产品的特殊标准，如杏、黏核桃、加工番茄和核桃，这些标准是由生产者自己定出来的。

近年来，随着科学技术的进步，分级技术得到了迅速发展。主要表现在四个方面：高效率，由小型分级机少量处理向大型分级机大量处理方向发展；高精度，由利用机械式秤、筛孔进行计量；高性能，一机可以同时进行多种品种的分选；高品质，根据形状、果皮颜色、内部品质进行等级分选。

纵观分级包装技术发展史，实际上就是设施机械群的机电一体化的发展史。

分级和包装前的作业：分级和包装前的作业主要包括产品验收、倒箱、洗涤、消毒、涂蜡、选拣、干燥等，不是所有的产品都要经过这些过程，有些要经过全部过程，有些要经过其中的几个过程。

(3) 产品分级　分级可由人工进行，也可由机械进行。国内的大多数果蔬仍然采用人工分级，而发达国家则主要采用机械分级。

2. 包装

(1) 包装的作用　果蔬含水量高，保护组织相对差，容易受机械伤和微生物的侵染，同时采后的果蔬的呼吸作用会产生大量的呼吸热。因此，果蔬采后容易腐烂，降低其商品价值和食用价值。

良好的包装可以保证产品的安全运输和贮藏，减少产品间的摩擦、碰撞和挤压造成的机械伤，防止产品受到尘土和微生物等不利因素的污染，减少病虫害的蔓延和水分蒸发，缓冲外界温度剧烈变化引起的产品损失。包装可以使水果和蔬菜在流通中保持良好的稳定性，提高商品率和卫生质量。

包装是商品的一部分，是贸易的辅助手段，为市场交易提供标准规格单位，免去销售过程中的产品过秤或逐个计数。将产品包装在一起，组成一个较小的集体，便于操作。合理的包装可以使水果和蔬菜商品化和标准化，有利于仓储工作机械化操作，减轻劳动强度，有利于充分利用仓储工作空间和合理堆码。

(2) 包装容器的要求　包装容器应该具有保护性，在装卸运输和堆码过程中有足够的机械强度；具有一定的通透性，利于产品散热及气体交换；具有一定的防潮性，防止吸水变形，从而避免包装的机械强度降低引起的产品腐烂。包装容器还应该具有清洁、无污染、无异味、无有害化学物质、内壁光滑、卫生、美观，重量轻、成本低、便于取材、易于回收及处理等特点，并在包装外面注明商标、品名、等级、重量、产地、特定标志及包装日期。

（3）包装种类和规格 最早的包装容器多用植物材料做成，尺寸由小到大，以便于人或牲畜车辆运输。随着科学的发展，包装材料和形式越来越多样化。

（4）包装方法与要求 果蔬包装前经过整修，应该做到新鲜、清洁、无机械伤、无病虫害、无腐烂、无畸形、无冻害、无冷害、无水浸，参照国家或地区有关标准分等级包装产品。包装应在冷凉的环境下进行，避免风吹、日晒、雨淋。水果和蔬菜在包装容器内应该有一定的排列形式，防止它们在容器内滚动和相互碰撞，使产品能通风透气，并充分利用容器的空间。根据水果和蔬菜特点可采取定位包装、散装或捆扎后包装，包装量要适度，防止过满或过少而造成损伤。不耐压的水果和蔬菜包装时，包装容器内应加支撑物或衬垫物，减少产品的震动和碰撞。包装加包装物的重纸或塑料托盘量应根据产品种类、搬运和比楞插板操作方式而定，一般不超过20%。果蔬进行包装和装卸时应轻拿轻放，避免机械损伤。

果蔬销售小包装可在批发或零售环节中进行，包装时剔除腐烂及受伤的产品。销售小包装应根据产品特点选择透明薄膜袋、带孔塑料袋或网袋包装，也可放在塑料托盘或纸托盘上，再用透明薄膜包裹，销售包装上应标明重量、品名、价格和日期。销售小包装应美观、吸引顾客，便于携带并起到延长货架期作用。

由于各种水果和蔬菜对物理伤害的承受能力不同，因此，要选择不同的包装来保护产品，防止水果和蔬菜在贮藏、运输和销售过程中，受挤压、碰撞、擦伤和震动。

（5）包装的堆码 果蔬包装件堆码应该充分利用空间，垛要稳固，箱体间和垛间应留有空隙，便于通风散热。堆码方式应便于操作，垛高度应根据产品特性、包装容器质量及堆码机械化程度确定。

（6）国内外水果和蔬菜的包装现状　目前，国外发达国家水果和蔬菜都具有良好的包装，而且正向着标准化、规格化、美观、经济等方面发展，以达到材料可以自然消解、重量轻、无毒无不良味道、易冷却、耐湿耐压等要求。而国内水果和蔬菜的包装形式混杂，各地使用的包装材料、包装方式也不相同，给商品流通造成一定困难。为便于水果和蔬菜包装的统一管理，加速商品的流通，我国已经制定了适合国情的蔬菜通用包装技术国家标准（GB4418-88），在促进我国水果和蔬菜包装尽快实现标准化、规格化上起到了推动作用。

国外新鲜水果和蔬菜的包装容器主要有纸箱、木箱和塑料箱，其规格大小和容量因果蔬不同种类和品种而异。采后一般用大箱运输，销售前再进行分装，也有的产品采后直接用纸箱包装，运输和贮藏。美国和加拿大目前虽没有统一的新鲜水果和蔬菜包装的国家标准，但实际上许多水果和蔬菜公司及产区都有自己的包装标准。

五、几种桃栽培及贮藏特性

（一）中华寿桃的选育及品种特性

1. 选育过程

中华寿桃是从农家零星栽植的桃树中，偶然发现并经系统选育而成的优良超晚熟桃新品种。并以其特有的超晚熟、果大色艳、品质极上、适应性强、产量高、耐贮运等特点，赢得广大果农青睐，实属国内外罕见的优良品种，被誉为“稀世珍品、桃中之王”。

该桃在20世纪80年代中期，在山东省烟台、莱阳等地有少量栽种，属自然实生后代，亲本不详，1986年引入栖霞，人们过去习惯称为“红雪桃”。1995年之前，因果农对其粗放管理，不注意疏果，致使果个较小、裂果严重、果色暗红、果面灰暗不美观、商品价值差、经济效益低，尽管晚熟，并未引起人们的重视，栽培面积越来越小。到20世纪90年代初，山东省牟平已绝迹，1993年山东省胶东地区个别果农引种，1995年开始在科研人员的指导下，每年为该桃套袋，使该桃绝处逢生，与以前的粗放管理不同，犹如脱胎换骨，由于套袋前经严格疏果，使其果个陡增，果个之大，异常惊人。1997年最大单果重达1 100克，4年以上树龄的成树，500克以上的大果比比皆是。同时，套袋后果面光滑不裂果，艳丽诱人，加之品质极上，耐贮运，货架期长等特点，使其身价倍增，投放市场后，深受消费者青睐。

近年来，投入大量人力、物力、财力进行高科技风险攻关，对该桃进行系统选育和观察，采用连续高接，结合国内外先进的高科技技术处理，使这一品种进一步完善。经有关专家鉴定，中华寿桃的成熟期晚，外观、品质、耐贮运性等综合园艺性状处于世界领先水平，其经济价值极高，成为名副其实的高级名贵礼品。

2. 品种特性

中华寿桃为当前桃果晚熟品种，它克服了当前桃果生产中存在的问题，适应桃果产业化发展趋势。经过科研人员多年观察研究，其突出优点表现为以下几个方面：

（1）超晚熟　天津地区盛花期在 4 月 18 日前后，10 月中、下旬成熟，果实发育期 180 天左右。

（2）单果重　平均单果重 350 克，最大可超过 1 100 克。

（3）外观艳丽、品质优良　果实成熟后，果毛自然脱落，果面底色乳黄，着鲜红或浓红色，外观艳丽，商品性极好；果实近圆形，果顶微突，果肉乳白色，肉质细嫩，口味香甜。果实可溶性固形物含量 19% ~22%，糖度 17% ~19%，总酸度 0.13%，半离核，核周围呈淡红色。

（4）丰产早、产量高　定植后第二年开花株率达 100%，亩产可达 300 公斤左右，第三年大量结果，亩产达到 1 000 公斤左右，第四年进入盛果期，亩产高达 4 000 公斤以上，第六年后，亩产最高可达 5 000 公斤以上。

（5）耐贮运　果肉为不溶质型，富有弹性，抗碰压，耐贮藏，适合远距离运输，自然冷藏可保存 1 个月左右，科学保鲜贮藏可至春节，2002 年春节售价可以达到 12 元/公斤。

（6）种植简单、适应性强　本品种适应性强，山区、丘陵及平原地区均可栽植。

3. 中华寿桃的生物学特性

生长发育习性

①根系：中华寿桃根系的深广度因砧木种类、土壤条件和地下水位等条件不同而不同。桃为浅根性树种，根系在土壤中的分

布较浅，尤其经过断根的树，水平根发达，无明显主根。桃根的水平分布一般与树冠冠径相近或稍广。中华寿桃耐涝性较差。中华寿桃早春根系活动早，当地温稳定在5℃左右时根系开始活动生长，最适地温15～22℃。

②芽：中华寿桃的芽与其他桃一样，分为花芽和叶芽两类。花芽饱满、肥大，长圆形，属纯花芽；叶芽瘦小，萌芽力较低。

③枝干：中华寿桃越冬枝条红褐色、粗壮、节间短，平均节间长度1.61厘米，具有短枝型性状。发育枝中华寿桃无单纯的发育枝，往往与徒长性结果枝合为一体。这种大型枝条粗度约为1.5～2.5厘米，具有2～3次分枝，多在树冠外围，即有叶芽，也有花芽，随着向外扩大，也年年在这些部位结不少果实，这和其他桃发育枝不同。徒长性结果枝长60～80厘米，粗度1.5厘米，一般有2～3次分枝生长，在一次枝延伸枝轴和二次枝上，都可形成饱满花芽，三次枝的下部也可形成不太充实的花芽；此类枝条可用以结果但所结的果实较小，且易落果，结果后仍能萌发较旺新梢。长果枝枝条长30～60厘米，粗0.5～1厘米，一般无副梢，多分布于树冠的中部和上部，是中华寿桃幼龄树的主要结果部位。中果枝长15～30厘米，单复花芽混生，饱满，结果能力强，能抽生中短果枝连续结果。中果枝可结出果型较大的果实。短果枝长5～15厘米，多为单花芽，枝条侧芽为花芽，很少有叶芽，只在枝的顶端是叶芽，结果后易衰亡。花束状结果枝长5厘米以下，单花芽，无侧叶芽，只顶端为叶芽，结果后，易枯死。

④叶：叶片是进行光合作用制造有机养分的主要器官。中华寿桃叶片肥厚浓绿，单叶面积比其他多数品种的叶较大。新梢基部初生叶片小，随新梢迅速生长到6月中旬出现一批生理早期落叶，枝梢中部叶片最大，秋季枝梢顶部叶片逐渐变小。同一时间长枝上叶片大，短枝上叶片小，叶片的大小与叶腋节位上的芽质有密切关系。

⑤开花与结果：花器结构——桃花是由花柄、花托、花萼、花冠、雄蕊群和雌蕊所组成的上位子房下位花。中华寿桃桃花在一般情况下均为完全花，但有时因贮藏营养不足或受低温伤害引起雌蕊发育不全而成为不完全花。春季气温不稳定，桃树花期易受晚霜危害，桃花及幼果忍耐低温的临界温度为：花芽在萌动后的花蕾变色期受冻温度为 -1.7～-6.6℃，正开放的花 -2.7℃，刚谢花的幼果 -1.1℃。中华寿桃在花期特别要注意预防恶劣气候的侵袭。

果实发育与成熟落花后果实便开始生长即为果实发育期。中华寿桃果实生长发育与其他桃品种一样分为三个明显时期：果实速长期，果实发育初期，细胞分裂迅速，以纵径增长加快，果实相应速长，直至6月中旬果核长成应有大小。硬核期，果实生长缓慢，胚迅速生长，果核逐渐硬化，此期从6月中、下旬至8月上、中旬，大约持续45～50天左右。果实迅速膨大期，此期果实增长速度加快，果肉厚度明显增加直至采收，果实在采收前20天增长速度最快。从8月中旬至10月上、中旬主要是果实细胞膨大，果个和重量迅速增加，达到果实应有大小，同时果毛部分脱落，果实开始着色，果实进入成熟期。

4. 生长发育周期

生命周期　桃树从种子发芽、生长、结果至衰老死亡的生命全过程称生命周期。了解和掌握中华寿桃生命周期各阶段的特点，对于提高其早期产量，并延长树体经济寿命有着重要意义。自然生长的桃树一般可维持25～30年左右的寿命。而作为生产性的中华寿桃由于丰产年龄开始早，收益快，因此，自然寿命缩短至15～20年，但该品种丰产年龄长，可以获得好的收入。栽培上生命周期可分为五个生物学年龄时期（即：幼树期、初果期、盛果期、结果后期、衰老期）。

盛果期中华寿桃定植后第4年进入盛果期，5～15年为中华寿挑盛果期（管理较好的情况下，可延迟到20年）。盛果期主、侧枝的延长枝头粗度为0.8～1.0厘米，生长过旺，容易出现结果部位外移。

衰老期中华寿桃的衰老期在20～21年以上，这时桃树的枝、干开始腐朽，失去生产能力，应马上更新。

5. 环境条件对生长和结果的影响

（1）气候条件

①温度：中华寿桃经济栽培的适宜带以冬季绝对低温不低于－25℃的地带为北界，以冬季日平均气温高于7.2℃的天数在38天以上的地带为南限。

根系没有明显的自然休眠期，根系生长最适宜温度为15～22℃左右，气温超过30℃生长缓慢，10℃以下生长亦很缓慢，气温在5℃时根系休眠，根系可耐－10～－11℃低温。开花适宜温度为12～14℃。中华寿桃果实生长温度20～30℃，超过30℃生长缓慢。

②水分：中华寿桃是桃中比较抗旱的品种之一，但不耐涝，根系浸水超过72小时就会导致死亡。生长期雨水过多，会造成枝叶徒长、病害加剧、落果多、花芽形成少、结果不良、果实着色差、风味淡、品质不好、裂核严重等不良现象。中华寿桃耐旱性较强，土壤含水量在20%～40%就可以正常生长，而降至15%～20%时，叶片萎蔫，低于15%则会出现严重旱情。新梢生长期和果核与种胚形成期仍需充足水分。

③光照：中华寿桃是喜光性品种。由于它对光照反应敏感，当光照不足时，根系发育差，枝叶徒长，花芽分化少而质量差，落花落果多，果实着色不好，品质差；小枝生长不良，寿命短，内膛易光秃。

（2）土壤条件　中华寿桃耐旱忌涝，根系好氧性强，适宜于在土壤疏松、排水畅通沙质壤土上生长。在土体黏重过于肥沃的地块上，树体易徒长，枝条停长晚，易受冻害，并且易患流胶病和颈腐病。中华寿桃在微酸至微碱性土中都能栽培，一般

pH5.5～6.5之间生长最佳，pH在4.5以下和7.5以上生长不良，在pH7.5～8.0时，由于缺铁而产生黄叶病，特别在排水不良的地块上更为严重。中华寿桃对盐碱地也有一定的抵抗力，含盐量在0.05%～0.1%的地块上也能生长，但含盐量达0.14%以上会产生生长不良甚至死亡。所以，在盐碱地中栽培中华寿桃需先进行土壤改良。

6. 中华寿桃花果管理

中华寿桃幼树以中长果枝结果为主，定植当年便有大量花芽形成，表现明显的早产性，且花芽分化量大，坐果率高，自然授粉坐果率可达41.3%，不配置授粉树完全可以达到所需坐果率，且在正常情况下，必须疏花疏果。

(1) 提高坐果率的措施

①落花落果：中华寿桃自花结实率高，一般能满足生产需求，但在某些年份常因落果过多而影响正常产量。中华寿桃的早期落花落果有三个时期：第一期落果(即落花)在花后1～2周内，子房尚未膨大时，从花柄基部脱落，表现为落花。这次落花的原因有两种：一种是花芽分化不良，使花器(胚珠、花粉、柱头)生活力减弱，没有授粉和受精条件；另一种是花芽虽发育良好，但因受寒流侵袭，使花器受冻造成生殖机能减退而出现落果。此次落果较轻。第二期落果出现在花后3～4周，幼果膨大至杏仁大小时，连同果柄一起脱落。此期落果主要是果实受精不良，胚发育受阻、桃树营养不足、受不良气候影响，引起胚囊或胚败育，或者内源激素失调等所致。此次落果数量较多。第三期落果出现在果实硬核前后，果柄处形成离层，使果实脱落，残留果柄和花托，此期落果多在6月中旬，又称“6月落果”。此期主要原因：一是树体贮藏养分少，对果实供应不足；二是养分消耗太多，多数是由于营养生长过旺引起，但着果过多也会发生；三是果实的胚还没有形成争夺养分的能力不如新梢；此外，光照不良，氮素营养缺乏，干旱低温等也有影响。

②防止落果措施：各地桃园具体情况不同，引起落花落果的原因也多种多样。因此，必须具体分析，针对桃园中存在的主要问题，采取有效措施，防止严重落果，以确保中华寿桃高产。具体措施如下：花期喷棚在盛花初期喷0.2%～0.3%的硼砂水溶液，增强花粉活力，提高花粉在柱头上的发芽力，促进花粉管长势，及时完成受精过程。加强果园管理，保证树体正常生长发育，增加树体贮藏养分积累，改善花器发育状况，这是防止大量落果的根本措施。

合理肥水使中华寿桃生长旺盛，特别在幼树期树势过旺，新梢建造消耗大，影响花芽分化质量，直接影响坐果。在肥水管理中，注意配方施肥，避免偏施氮肥，提倡施有机肥。同时，合理浇水，以形成充实饱满的花芽，防止落果。及时合理修剪减少树体养分消耗生长期及时摘心减少旺长新梢的养分消耗，减轻新梢与幼果对养分的争夺。

（2）*花疏果及套袋技术的应用*　中华寿桃自花结实率高，花期气候正常，自然坐果率可达34%～41.3%，若不进行疏果，使桃树年年超负荷运转，致使果实单果重变小，品质下降，与中华寿桃品质优、大型果等特点不相适应，同时导致树势迅速衰弱，大大降低和缩短树体丰产年限与经济寿命。因此，必须适时疏果合理负荷，生产出大型优质的中华寿桃果实。

①疏果时间。中华寿桃疏果分两次进行：第一次疏果应在5月中旬第二次生理落果结束时进行。第二次疏果于6月中旬进行，此时生理落果基本结束，果核已硬化，胚胎发育正常，疏除多余果，留足生产果。疏果要适期进行，疏果过早、过晚都不好。疏果时期过早，生理落果尚未结束，造成误疏，影响产量，同时还会加剧中华寿桃果核开裂现象，造成落果；疏果过晚，消耗养分过多，影响留下果实的生长发育，降低单果重和果实品质。

②疏果方法。中华寿桃属大型果，一般要求商品单果重300

克以上，长成这样大小的桃果，每个果实要有50个叶片合成营养来保证，换句话说，中华寿桃适宜的叶果比为50：1。根据这一指标，科学确定留果数量，但疏果还要考虑气候条件和肥水影响。通过试验对比观察，比较合理的疏果方法为第一次疏果，先疏去并生果、畸形果、发育滞后的小果、病虫害果，然后再疏密生果和小型果，着生在枝条侧上和枝条基部及梢头的果实，留枝条中部的单果、好果和纵径较长的果实。此次疏果，因果实坐果还未定型，在留果量上要留有余地，应留有20%~30%的安全系数。第二次疏果、定果，在6月中旬完成，这时坐果已成定局，在不同果枝上合理安排留果量，将多余的桃果全部疏除。长果枝留2~3个果，保持果与果之间距离15~20厘米；中果枝留1~2个果，使其着生在枝条两侧；短果枝留单果；花束状结果枝可留单果或不留果。根据这一留果指标在不同树势的桃树上，还要因树定产，对壮旺树，可适当多留一些，对衰弱树可适当少留一些。

为了确保中华寿桃优质高产，通过试验观察，中密度栽植的桃园，在较好的管理水平条件下，平均单果重达到350克，亩产量控制在2 500~3 000公斤为宜。

③套袋与放袋：

a. 套袋。目前果品生产进入商品时代，产品竞争已逐渐由价格竞争向质量竞争转轨，只有拥有高质量的果品才能获得较高的经济效益。果实套袋可明显改善果品的外观品质，降低果品表面农药残留。因此，果实套袋是生产优质高档中华寿桃的一条极为有效的途径，是中华寿桃生产过程中的必需环节。

果实套袋，（a）可明显提高果实外观品质。自然状态下生长的中华寿桃果实，果面不光洁，在果实成熟期，果面呈暗红色，影响美观。中华寿桃套袋果果面颜色由暗红色变为粉红色，娇嫩可爱，果实色泽鲜艳，极为诱人，外观品质有了明显地提高。（b）防止日烧。桃树是容易发生日烧的果树树种之一，试验证明，套袋果实的日烧发生率为0.9%，不套袋为5.3%，套袋后的果实发病率是不套袋果实的1/6，日烧发生率明显降低。(c) 防止虫害。果实套袋可以防止食心虫、椿蝶等害虫对果实的蚊食或果面啃食。生产实践证明，严密的套袋可以明显提高好果率，减少虫果发生，降低生产损失。(d) 减少果实农药残留。套袋可以避免药剂直接喷射到果面上，减少果品表面农药残留，生产无公害绿色高档中华寿桃。(e) 套袋可以防止冰雹危害。我国的产桃区，每年都有不同程度的雹灾危害，尤其在6、7月份，幼果正在生长发育，冰雹危害后，果面上留下伤疤，影响果实外观及内在品质，大大降低了果实的商品价值。而套袋可明显减轻雹灾危害，所以在有冰雹危害的地区最好套袋。(f) 纸袋选择。果套袋所用材料原来大多采用旧报纸，原因是旧报纸便宜，又容易买到，但旧报纸纸质差，不耐水，疏水性能差，果实套袋很难达到理想效果。利用果实专用袋，虽然一次性投入较大，但效果好，可以生产出高档的中华寿桃，外观更漂亮，商品性状良好，所以，套袋最好选用中华寿桃专用果实袋。(g) 套袋时间。套袋可在第二次疏果结束时进行（在北京即6月10日以前开始）。套袋前全园桃树普喷一次杀虫杀菌剂，立即套袋，注意套袋时间不宜拖延太长，否则很容易失去药效。(h) 套袋方法。套袋前，先用手撑开纸袋套在果实上，果实夹在事先剪好的纸袋中间长2厘米的缺口的位置中，然后手把纸袋两角向中间挤折，最后用袋口边上的铁丝扎住袋口，并钩在枝条上。套袋的顺序是先上后下，先内膛后外围，注意在操作时不要碰伤果实，防止用力过猛使果实脱落。果实套袋完成后，果袋口应扎死，不应有大的开口，且扎口要结实，不能一触即开。一般一个熟练工一天可套袋1 000~1 500个左右。

b. 放袋。一般在采收前两周左右拆放纸袋，一次性放袋，放袋3~7天后可见桃子开始逐渐上色，到采收时，果皮幼嫩光洁，鲜红艳丽。但是，要达到果实预期上色的目的，还应注意当时的气候情况，若当时气候较清凉，昼夜温差大（10℃以上），夜间有露，放袋时间距采收期间隔13～14天；若当时气温较高，昼夜温差小（10℃以下），夜间少露，放袋到采收期可间隔15天以上。

(3) 果实采收及包装运输

①果实采收　果实采收是中华寿桃果园管理的最后一个环节，如果采收不当，不仅降低果品质量，而且影响果实的耐贮性，甚至影响来年的产量。因此，必须对采收工作给予足够重视。

采收期的确定。采收期的早晚对中华寿桃的产量品质及耐贮性有很大的影响。采收过早，品质差，采收过晚，果肉松软，降低耐贮运性，并大大降低树体贮藏养分的积累，减弱树体越冬能力，并且，采收期过晚，在有些地区可能会发生果实受冻现象。因此，正确确定果实成熟度，适时采收，是中华寿桃品质优、耐贮运的有力保证。中华寿桃按颜色、硬度、风味等综合指标把成熟度分为三个等级，即可采成熟度、食用成熟度和生理成熟度。可采成熟度（硬熟期）果实大小已长成，但未完全成熟，应有的风味和香气还没有充分表现出来，肉质硬，适于贮运，果皮底色为黄绿色，口感脆嫩，味道甘甜，清香可口，色彩鲜红，此期为最佳采收期。食用成熟度（完熟期）果实已成熟，表现出该品种应有的色香味，口感好，味道甜，底色浅黄，颜色开始向暗红转变，手感有弹性，已不适宜做长途运输和长期贮藏。生理成熟度（过熟期）果实在生理上已达到充分成熟的状态，果实芳香味大，甜度变差，口感不佳，手感软，耐贮运性已较差，不适宜做贮藏运输用。

采收前做好田间果成熟度调查，确定采收时期，备好包装物料、场地，组织采收人员训练，掌握采果常识。

采收期除根据成熟度来确定外，还要考虑调节市场供应、贮运和加工的需要、栽培管理水平及气候条件等多方面。

采收时间。如果各方面条件允许，每日最好在上午10点前采完，以保持果实的最好新鲜度。若中午采收，绝不可将果实堆放在强光下曝晒，以免果实在高温下加大呼吸而使果实早软影响其商品性。为使果实温度下降，保持鲜度，采收后立即放在树冠下阴凉处、采收棚中或其他就近温度较低又能遮阴的地方，减少不必要的损失。

采收方法。桃果含水量高，果肉易褐变，采收时稍有损伤果肉极易变褐色而腐烂。因此，中华寿桃采收时要谨慎，避免机械伤，要求采收人员剪短指甲，认真操作，不伤损果实，采摘时用手轻托，使果实位于掌心，均匀用力，顺枝向下摘取，切不能扭转（因中华寿桃果柄短，梗洼深，果肩高，扭转取果，桃子肩部易受伤害。对一株桃树上不同生长部位的桃子采收顺序，应由外向里，由上而下，逐枝采收，轻拿轻放，避免捏伤、碰伤和刺伤，减少枝叶，果实擦碰等机械伤。采下的桃子，要在遮阴处堆放，防止日光直射，以减缓桃子后熟、软化和变质。

②分级包装：分级一般在包装场地进行，分级前先把病残果、畸形果、受伤果和小果捡出，然后将符合要求的果实按大小、色泽和成熟度分成不同的等级，分别进行包装。

中华寿桃分级标准

本品种特征	着色面（%）	病害（无点）	虫害	机械伤	重量（克）	含糖量	
特级	具有	70以上	不允许	不允许	不允许	500以上	16%以上
一级	具有	50以上	不允许	不允许	不允许	300以上	14%以上
二级	具有	20以上	允许小点	不烂	不烂	200以上	12%以上
级外	不限	不限	不烂	不限	不限	不限	不限

包装中华寿桃是目前国内晚熟桃类中的珍稀佳品，品质好，耐贮运，价值高，作为高档果品的中华寿桃适合远销和超市销售。

为便于贮藏运输和销售，减轻、避免这些过程中果实相互摩擦、挤压、碰撞、曝晒而造成的撞伤和腐烂，减少水分蒸发和病害蔓延，必须对中华寿桃进行必要的包装。

果品完成分级后，将符合要求的桃果用网状塑料套套起入箱，以减少在装箱运输过程中桃果滚动、相互碰撞，摩擦而造成机械损伤。包装箱体材料要求质轻坚固，不易变形，能承受一定的压力，无毒无不良气味，包装大小要适宜，便于搬运，容器内部平整。包装的规格因运销距离、贮存与否和产品档次等不同而各异。外观、内在质量要求高和远距离运销的桃，可采用专用纸箱、盒包装。纸盒包装一般只装一层果，盒底衬垫用无毒聚氯乙烯或泡沫塑料等压制的带穴垫，每穴放一个果，果上各套一个网状塑料套以防挤压，每盒装 12～18 个果。桃果包装好后，迅速运往销售点或运入冷库预冷后再运销。

③运输：运输是中华寿桃流通过程中的一个重要环节，是实现中华寿桃自身商品价值的必经环节，是联系生产和消费的桥梁。中华寿桃运输的要求是快装快卸，注意轻搬轻放，减少机械损伤，并尽量缩短运输环节中的时间耽搁，但又不能使桃果过分颠簸，缩短果品货架期。

（二）莱州仙桃栽培及贮藏

1. 市场前景

（1）栽培现状　莱州仙桃，原名莱选 1 号，山东省莱州市果树站通过开展桃品种资源普查时发现的优良实生单株，该株于 1987 年发现，经 3 年的系统观察，又经 10 年的高接试验观察，各代均表现母株特性，表现出良好的遗传稳定性，且经济效益很高。该品种于 1998 年通过山东省农作物品种审定委员会审定，并于 1999 年获全国第四届农业博览会名牌产品。莱州仙桃于 1990 年开始繁殖推广，先后引至招远、龙口、蓬莱、栖霞、莱西、寿光等县、市山区、平原、沿海等不同条件地区进行试栽，

1996年先后引至北京、山西、宁夏、甘肃等省、自治区、直辖市栽培，均表现出较强的适应性，取得良好的栽培效果和经济效益，并得到了快速发展。据不完全统计，全国该品种栽培面积已达1.3万多公顷，主要集中在山东胶东地区和宁夏、山西等省、自治区。

该品种早果丰产性好，定植第2年开始见果，第3年667平方米产量可达500公斤，4年生丰产园667平方米产3 000公斤以上。2001年该品种售价4.40~8.00元/公斤，丰产园667平方米收入可达18 000元左右。

（2）前景分析　由于莱州仙桃具有良好的早实性和丰产性，果实个大，品质好，肉厚核小，离核，果实着色好，色泽艳丽；果实极耐贮运，能扩大和延长市场供应、果实成熟期正值中熟桃品种过市，晚熟品种没有成熟的空当期，利于销售，由于他具有上述特点，颇受市场欢迎，经济效益好，市场潜力大，是一个综合经济性状较好的优良中、晚熟桃品种。具有广阔的发展前景。

2. 良种简介

（1）品种特性

①植物学特性：树势健壮，树姿较开张；多年生枝灰白色，嫩枝绿色，一年生成熟枝褐色，节间短，平均2.1厘米；花芽起始节位低，多复花芽；叶片大，披针形，叶长15.8厘米，宽3.5厘米，叶色深绿，有光泽；花为蔷薇形，花瓣粉红色，雌蕊稍高于雄蕊，花药粉红色，花粉极少；花芽起始节位一般在1~2节上，且多复花芽。

②生长结果习性：该品种树势强旺，树干生长直立，不下垂，萌芽力、成枝力均强，树冠成形快，3年生树冠径达258厘米，幼树以中、长果枝结果为主，成龄树以中、短及花束状果枝结果为主，早果丰产性好，定植第2年开始见果，第3年667平方米产量可达500公斤，4年生丰产园667平方米产3 000公斤以上。

③果实经济性状：莱州仙桃属硬肉桃品种，果实近圆形，果顶微凹，平均单果重273克，最大单果重780克；梗洼深而狭，缝合线浅而明显；果皮底色黄绿，成熟后阳面红色鲜艳，果面茸毛稀少，果肉乳白色，近果皮和核的果肉略带粉红色，肉质致密、脆，果肉硬度13.6公斤/平方厘米，可溶性固形物12.36%，可滴定酸0.25%，总糖7.4%，维生素C含量54.3毫克/公斤，甜酸适口，品质上乘，果肉厚（2.7～3厘米），核小，离核，可食率97.1%。一般室温下可贮藏10天左右，极耐贮运。

④物候期：在山东烟台地区4月上、中旬萌芽，4月中旬为初花期，花期持续7～10天，4月底为展叶期，8月下旬果实成熟，发育期120天左右，10月下旬至11月上旬落叶，进入休眠期。

表9 莱州仙桃物候期观察记载表（月/日）

地点	萌芽期	花期			果实成熟		
		初期	盛期	终期	展叶期	熟期	落叶期
夏邱镇	4/9	4/15	4/18	4/23	4/26	8/23	10/20
神堂镇		4/15	4/18	4/26	4/26	8/23	10/22
程郭镇		4/13	4/18	4/25	4/25	8/20	10/22

注：地点为莱州市各乡、镇。

（2）对环境条件的要求

①气候条件：莱州仙桃喜冷凉温和的气候条件，通常生长期平均温度在13～18℃即可栽培，但以生长期平均温度达到24～25℃时最好，表现产量高，品质佳，温度过高、过低品质均有所下降。该品种具有一定的耐寒力，一般可耐－22～－25℃的低温，据调查，莱州仙桃经济栽培的适宜带以冬季绝对低温不低于－25℃的地带为北界。莱州仙桃各器官中以花芽耐寒力最弱，个别地区冬季低温达－22.8℃时不少品种的花芽就发生冻害。桃花芽在萌动后的花蕾变色期受冻害的温度为－1.7～－6.6℃。开

花期和幼果期的受冻温度分别为 -1 ~ -2℃和 -1.1℃。根系耐寒力较弱，冬季1~3月能抗 -10 ~ -11℃，3月下旬抗寒力迅速下降，-9℃即受害。

②光照：莱州仙桃具有喜光的特性。一般年日照时数应在1 200 ~1 800小时方可满足生长发育需要。当日照不足时树体的同化产物减少，根系发育差，枝叶徒长，花芽分化少，花芽质量差，落花落果多，果实品质差，小枝弱，寿命短，树冠内易光秃。

③水分：莱州仙桃树为浅根性植物，对水分敏感，根系分布约在地表下20 ~50厘米处，在根系生长期呼吸旺盛时最怕水淹，连续积水两昼夜就会造成落叶和死树，在排水不良和地下水位高的果园会引起根系早衰、叶薄、色淡，进而落叶、落果、流胶以致植株死亡。缺水时根系生长缓慢或停止，若1/4以上的根系处于干旱时，地上部就会出现萎蔫现象。春季雨水不足，萌芽慢，开花迟，在西北干旱地区易发生抽条。在生长期降雨量达500毫米以上，常使枝叶旺长，对花芽形成不利，在北方则表现为枝条成熟不完全，冬季易受冻害。桃果含水量达80% ~90%，枝条为50%，供水不足，会严重影响果实发育和枝条生长。但在果实成熟期间，雨量过大使果实着色不良，品质下降，裂果加重，病害如炭疽病、褐腐病、疮癞病等发生严重。

④土壤：莱州仙桃适应性强，平原、山地均可以生长。最适宜的土壤为排水良好、土层深厚的沙质壤土，pH4.9 ~6.0呈微酸性，盐的含量应在0.1%以下。当土壤石灰含量较高，pH在8以上时，由于缺铁而发生黄叶病，在排水不良的土壤上，更为严重。黏土重的土壤易发生流胶，在瘤薄地和沙地，肥水流失严重，致使树体营养不良，果实早熟而小，产量低，盛果期短，易发生鬝枯病、炭疽病等。在肥沃土壤上营养生长旺盛，易发生多次生长，并引起流胶，进入结果期晚。河滩沙地，凡雨季地下水位上升到1米以上者，不宜建莱州仙桃园。

3. 优质丰产栽培技术

(1) 育苗　苗木是果树生长的基础，为使树相整齐，生长一致，群体结构良好，建园所用苗木质量要高。高质量的莱州仙桃苗木砧木为山桃或毛桃最好。生产中如用栽培桃做砧木，将使其耐旱、耐涝、耐冷等等抗逆性降低。

(2) 定植建园　园地选择：栽植在壤土或沙壤土上生长良好，在黏重、涝洼地上发育不良。土壤以中性为宜，在偏酸或偏碱土壤上均发育不良。因此，在选择园地时，要考虑排水通畅，不积涝，地下水位高于1米、有水浇条件、保水透气性好的沙壤土建园。

栽植密度：平原地一般每667平方米栽植33株左右，南北行向，株行距4米×5米或4米×6米。山丘地株行距可为2～3米×4米，每667平方米栽植66株左右。

莱州仙桃必须配置授粉树，选择授粉品种时，要尽量使用与主栽品种的花期和果实成熟期一致，以便于授粉、管理和采收。授粉植株一般占植株数的10%～15%为宜。一般在春季（3月中旬于4月上旬）进行南北行向栽植，栽植前，挖深60～80厘米，宽80～100厘米的定植沟，表土、心土分别放置。

栽植前，在已回填的栽植穴或栽植沟处，重新挖1个深、宽各30厘米的栽植小穴，小穴中施入与土混合的鸡粪（或粪干）1 200克、尿素60克、过磷酸钙150克。然后将桃苗栽植在小穴中。栽植深度，以与在苗圃中的原有深度相同为宜。栽植后进行定干，然后浇透水并覆盖地膜增温保湿保墒，以提高栽植成活率。

(3) 肥水管理

①基肥：施用基肥最好的时间是秋季，即从9月中、下旬开始到休眠期之前。秋施基肥，伤根容易愈合，并可以发生新根，对树体的伤害微小。

②追肥：一年中一般进行4～5次。第一次在萌芽前1个月。

第二次在开花前后，主要目的是提高坐果率，促进幼果、新梢和根系生长，可以以速效氮肥为主，辅之以硼肥；沙地桃园，可分别在花前、花后2次施用。第三次追肥在核开始硬化期，以利花芽分化。第四次在果实采收前2~3周进行，以钾肥为主，目的是提高果实产量和质量。第五次在果实采收后（9~10月份）追肥，以速效氮肥为主配合施用磷、钾肥；主要目的是促进根系生长，延缓叶片衰老，提高树体贮藏营养水平，使枝芽发育充实。

重视根外追肥，根外追肥时间以花期和生长前期为主。具体种类和时间分别为花期0.8%硼砂溶液，5月中旬、6月中旬200倍的光合微肥，7月下旬0.3%磷酸二氢钾。根外追肥可结合喷药进行。

③灌水：

a. 萌芽、开花期：此时如果缺水，往往使桃树萌芽、开花不整齐，降低坐果率。

b. 开花后至硬核前：此时正是新梢速长期和果实第一次迅速生长期，桃树需水量大。北方常遇干旱，要适时灌水，以保证新梢生长和幼果发育，并减少落果。

c. 果实膨大期：即桃果生长的第二个高峰期。一般情况下，桃果实约2/3的体积是在成熟前30天左右膨大长成的。此时，如遇干旱少雨，会严重影响果实生长。

d. 果实采收以后：为了保护和恢复树势，促使桃树形成质优量多的花芽，在采果后如遇少雨干旱，宜灌一次水，但灌水量不宜过大。

e. 休眠期：北方地区在11月下旬入冬前，可灌1次越冬水。但灌水量不宜过大。如遇到秋天雨水多的年份，或者地势低洼、墒情较好的情况下也可不必灌水。

(4) 整形修剪

①树形选择：因莱州仙桃喜光，干性较强，故树形可采用传统的自然开心形或有主干的纺锤形。自然开心形主枝角度60度

上下，每个主枝配有2～3个较大的侧枝，侧枝角度要大于主枝角度；纺锤形相邻主枝的距离不要小于0.3米，树高3.5米，主枝总数10个左右。

②修剪技术的综合应用：a. 平衡树势的修剪技术在整形修剪时往往遇到骨干枝间长势不平衡，不能充分利用空间，单株产量低的情况。b. 旺树促进结果的修剪技术对于这类树除结合肥水控制，运用化学药剂控制外，要进行合理的修剪。c. 结果枝的修剪：结果枝留的数量与树势、树龄等有关，一般冬季修剪后结果枝的枝头距离保持在10～20厘米。结果枝剪留长度要根据枝条的长度、着生部位、品种的坐果率高低等确定。d. 结果枝组的培养：结果枝组是直接着生在骨干枝上的由数个结果枝组成的结果单位，也是树体果实产量的主要部分。枝组有大、中、小三种。大型枝组生长势较强，寿命长，果实质量好。e. 结果枝组的修剪和更新修剪：结果枝组要注意果枝的长势和密度，既要考虑当年结果，又要预备下一年的果枝。强枝可适当多留果，弱枝重剪更新、保证枝组稳定，若枝组表现衰弱要及时回缩，进行组内更新，重剪发育枝，多留下部预备枝，少结果，逐渐恢复。有些枝可以疏掉，利用近旁的新枝再培养代替，或将其他枝组延伸到此空间中。

③不同年龄时期的修剪特点：

a. 幼树和初果期树的修剪（1～4年生）：幼树生长旺盛，形成大量的发育枝、徒长枝、徒长性结果枝，旺枝可发生多次副梢，所以夏季修剪非常重要。此时花芽较少并着生位置高，坐果率低。修剪主要以整形为主，尽快扩大树冠，培养牢固的骨架，为以后丰产打下基础。

b. 盛果期树的修剪：盛果期维持年限因管理水平、栽植密度、产量、气候条件等不同而差异较大，一般可维持10～15年。进入盛果期后树势逐渐缓和，树冠基本不再扩大，产量高且每年稳定，后期中短果枝比例增加。

c. 衰老期修剪：莱州仙桃进入衰老期后延长枝生长减弱，一般不足20～30厘米，大量中、小枝组衰亡，冠内光秃，果枝量减少，产量和品质下降。此期的修剪，主要任务是疏除或缩剪骨干枝并及时更新结果枝。

（5）花果管理

①疏花与疏果：莱州仙桃结实率高，在与授粉品种混栽条件下，自然授粉坐果率为13.1%，而通过人工授粉，坐果率可提高到70%左右。不管哪种情况，如果所坐果都保留，则坐果过多。为保证充分体现该品种果实个大的特点，需要进行疏花疏果。疏花的基本手段是修剪，即根据各类果枝的坐果能力，在冬剪时留下适量的花芽。疏果，目前以人工疏除为主。疏果时期通常在第二次落果后，坐果相对稳定时进行，在硬核开始时完成。

②果实套袋：套袋可以防止病虫危害，改善果面色泽，提高果实品质和商品价值。因此，可进行套袋栽培。

a. 纸袋种类的选择：套袋纸袋的选择应根据园内桃树长势状况、生产目标、经济能力合理选择。试验证明，天津的绿达袋、山东青岛产佳田袋、龙口产凯祥袋等桃专用袋效果较好。

b. 套袋时期：在盛花后30天内定果套袋；套袋时间应在晴天上午9：00～11：00和下午16：00～19：00为宜。

c. 套袋操作技术：套袋前将整捆果袋放于潮湿处，使之返潮、柔韧；选定幼果后，小心地除去附着在幼果上的花瓣及其他杂物，左手托住纸袋，右手撑开袋口，或用嘴吹开袋口，令袋体膨起，使袋底两角的通气放水孔张开，手执袋口下2～3厘米处，袋口向上或向下，套入果实，套上果实后使果柄置于袋的开口基部（勿将叶片和枝条装入袋子内），然后从袋口两侧依次按“折扇”方式折叠袋口于切口处，将捆扎丝扎紧袋口于折叠处，于线口上方从连接点处撕开将捆扎丝返转90度，沿袋口旋转1周扎紧袋口。使幼果处于袋体中央，在袋内悬空、以防止袋体摩擦果面，不要将捆扎丝缠在果柄上。套袋时用力方向要始终向上，以免拉掉幼果，用力宜轻，尽量不碰触幼果，袋口也要扎紧，以免害虫爬入袋内危害果实和防止纸袋被风吹落。另外，树冠上部及骨干枝背上裸露果实应少套，以避免日烧病的发生。套袋顺序为先上后下、先里后外。每 667 平方米的平均套袋数量为 6 500 个左右。

d. 摘袋时期及方法：摘袋时期依袋种、品种不同而有较大差别。双层袋：采前 15 ~ 20 天除外层袋（沿袋切线撕掉），5 ~ 7 天后再摘除内层袋。单层袋：先打开袋底通风或将纸袋撕成长条，几天后即除掉，采前 7 ~ 10 天全部除袋。一天中适宜除袋时间为上午 9 ~ 11 时，下午 15 ~ 17 时左右。上午摘除南侧的纸袋，一定要避开中午日光最强的时间，以免果实受日灼。摘袋时间过早或过晚都达不到套袋的预期效果；过早摘袋，果面颜色暗，光洁度差；过晚除袋，果面颜色淡，贮藏易褪色。

e. 套袋果配套栽培管理：①加强肥水管理和叶片保护，以维持健壮的树势，满足果实生长需要。由于套袋栽培果实中含钙量下降易患苦痘病等，在 7 ~ 9 月份每月喷一次 300 ~ 500 倍的氨基酸钙或氨基酸复合微肥。果实膨大期、摘袋前应分别浇一次透水，以满足套袋果实对水分的需求和防止日灼。②病虫害防治。除进行果园全年正常病虫防治外，套袋前 1 ~ 2 天全园喷一遍杀菌剂和杀虫剂。③套袋果的采收。为了提高套袋果的优质果率多生产高档优质果品，要根据果实的着色情况适期、分批采收。在适宜采收期内，采收越晚，着色越好，品质越佳。由于套袋果果皮较薄嫩，在采收搬运过程中，尽量减轻碰、压、刺、划伤。

（6）病虫防治　主要虫害是桃桑白盼、桃粉蚜、桃蛙螺和桃潜叶蛾 4 种。对桃桑白盼的防治是抓好早春芽萌动前喷布 3 ~ 5 波美度石硫合剂，要做到淋洗式喷布。防治桃粉蚜要注意以早为主，可用辟蚜雾，蜘灵光等药。桃蛙旗和桃潜叶蛾要在 5 月下旬、6 月中旬喷布桃小灵和灭幼脲 3 号。病害主要是桃炭疽病和流胶病，对其防治，除早春喷布 5 波美度石硫合剂外，于 5 月中旬、6 月各喷布一次多效灵或多菌灵杀菌剂。

（三）冬雪蜜桃栽培及贮藏特性

冬雪蜜桃系山东青州市农业局从青州蜜桃实生苗中发现的一偶然实生变异。冬雪蜜桃味甘、肉细、极晚熟、品质优、极耐贮运、适应性广、丰产性强，具有与其他品种所不同的特异特点。冬雪蜜桃含可溶性固形物 18%，最高达 23%，含糖 12.5% ~ 13%，含酸 0.2%。此外，还含有蛋白质、脂肪、维生素 C、维生素 B_1 等对人体有益的营养元素。冬雪蜜桃采后甘甜清脆，美味可口，成熟后汁多味浓、郁香、甘甜如蜜，颇受人们欢迎。冬雪蜜桃目前青州市栽培面积已达 1 333.3 平方公顷，总产量 5 万吨，并引种至全国 20 多个省、直辖市、自治区。其产品远销北京、上海、香港等大中城市，并出口东南亚等地，受到国内外广大消费者的普遍欢迎，开发前景广阔。

1. 品种简介

1986 年在山东省青州市曹家沟村一农户的青州蜜桃实生苗中发现的实生变异。1997 年对该品种进行了鉴定，1998 年通过了山东省农作物品种审定委员会的品种审定。

果实近圆形，果顶平圆，果尖小，或稍凹陷。平均单果重 86 克，大者近 200 克。梗洼深，缝合线浅。果皮底色淡绿，茸毛少，向阳面微红，着色面 30% 左右。果肉乳、白色，黏核，不溶质，脆甜，富含香气。果肉硬度 11 ~ 13 公斤/平方厘米，含可溶性固形物 18% ~ 20%，品质极佳。可食率达 95.6%，果核小，核内双仁率占 30% 左右，种仁饱满，果实极耐贮运。

冬雪蜜桃树势健壮，枝条直立。萌芽力、成枝力均强。一年生枝条黄褐色，阳面紫红色，主枝暗灰微紫色，光滑，叶片披针形，叶色浓绿，花朵淡粉红色。各类果枝均能结果，但以中、长果枝结果为好。成花容易，结果早，复花芽占 62.8%，自花坐果率90%以上。在加强促花措施的情况下，栽植当年即可形成花芽，翌年见果，三年生株产高达20公斤以上。

冬雪蜜桃在青州3月下旬萌芽，4月上、中旬初花，果实11月上、中旬成熟，11月下旬落叶。

2. 栽培环境

冬雪蜜桃集中产地为山东省青州市五里镇，该地区是石灰岩山区贫水地带，土壤为石灰岩风化形成的红、黄沙壤土，质地疏松，保水保肥力强，旱而不裂，涝不积水，土壤较为肥沃，富含多种微量元素，是形成冬雪蜜桃优良品质的重要因素。另外，该地区属鲁中山区，大陆性气候，年降雨量750毫米以上，集中在7~8月份，9~10月份干旱少雨，光照充足，且昼夜温差大，有利于果实糖分的积累。

3. 栽培技术要点

（1）建园

①园址选择：冬雪蜜桃具有喜光、耐旱、耐瘠薄的特点，但在肥沃土壤上生长的果实，个大，色泽好，品质优。所以建园时，最好选择在有水浇条件的山丘地。山丘地光照好，昼夜温差大，能实现高产优质。另外，冬雪蜜桃是不耐涝的果树，根系积水易涝死。因此，在涝洼积水地不宜栽植。

②栽植：冬雪蜜桃在山区栽植时，一般沿梯田成行或按等高线定植，株行距一般3米×4米或4米×4米；平原地以南北行向定植为宜，利于光照，株行距按4米×5米或4米×6米。

（2）土、肥、水管理

①土壤管理：a. 深翻扩穴。b. 刨树盘。c. 中耕除草。d. 树盘覆膜、覆草。果园覆草，厚度为20厘米左右，其上压土，隔年覆盖，4~5年深翻于地下，覆草具有保水增肥、除草、调温等作用，尤其在缺水的山地更为重要。

②施肥：根据冬雪蜜桃的需肥特点，全年施肥3~4次，即施1次基肥，2~3次追肥。a. 基肥：冬雪蜜桃基肥掌握在采果

后、封冻前结合深翻扩穴施入，以土杂肥为主，也可施用果树专用复合肥，基肥每666.7平方米施4 000～5 000公斤，还可根据树龄、产量施基肥，株产50公斤的成龄树，一般施土杂肥100公斤，幼龄树不少于50公斤。b. 追肥：追肥主要在花前及果实迅速膨大期前进行。前期以氮肥为主，成龄树每株施1～1.5公斤尿素或2.5公斤豆饼，以满足生长前期对氮的需求。在果实膨大期多施用复合肥，以增加果实发育对磷、钾的需求，提高果实品质。c. 叶面喷肥：以磷酸二氢钾、尿素等为主，补充不同生长期对不同元素的需求，全年喷施6～8次。

③浇水与排水：冬雪蜜桃多为旱作栽培，适当浇水可达到高产优质的效果。一般全年浇水4次即可。封冻水，即封冻前结合施基肥浇一次透水；早春水，即发芽前待树液开始流动后浇水，满足发芽、开花、新梢生长对水分的需求；花后水，即谢花后，果实很快进入速长期，此时又是新梢第一次生长高峰，需水较多；膨大水，即在果实膨大期浇一次水，以利果个增大，提高单果重。

（3）整形修剪　冬雪蜜桃多采用自然开心形树型。一般干高40～50厘米，主枝3～4个，每主枝再留3～4个侧枝。在修剪技术上，根据其生长快、发枝多的特点，幼树期间不可过重短截，除对主、侧枝进行短截以外，采用轻剪多留枝的办法，以缓和树势，促使早成花。对过密、拥挤枝适当疏除，改善内部通风透光条件，防止内部小枝枯死，影响产量。

5～6年生树进入结果盛期后，通过修剪调节主、侧枝的角度，继续扩大树冠培养结果枝组。在有空间处利用旺枝和徒长枝短截培养结果枝组，中、长结果枝要长留，一般剪留30厘米，斜生粗壮枝稀留长放。短果枝剪留长度10厘米左右，花束状短果枝只疏果不动剪，注意保护利用，每枝只留1果，防止因结果过多而枯死，延长结果寿命。

(4) 花果管理

①疏花疏果：冬雪蜜桃的坐果率较高，若不进行疏花疏果，果实个头小，质量差，影响果实品质和效益。为了提高冬雪蜜桃的个头和质量，一定要搞好疏花疏果工作。

②疏枝、摘叶：着色期疏除直立强旺枝和背上徒长枝，清理裙枝；摘叶是摘除桃果周围 8 ~ 10 厘米范围内的叶片。

(5) 贮藏保鲜　冬雪蜜桃是较耐贮藏的品种，为了延长供应期，使产品增值，提高经济效益，果农创造了许多贮藏方法，如窑藏法、菜心贮藏法、粮囤贮藏法、土屋贮藏法等等。需贮藏的果实，必须严格选果。在采收前先进行桃园内株选，挑选晚熟株系。采收时，轻采轻放，不可伤果。采后先剔除病虫果、伤残果、畸形果，选果个均匀、果型正、质地较硬的贮藏。

①窖藏法：在桃园内选高燥处，于桃树行间无阳光直射处，挖深 25 ~ 30 厘米、宽 75 ~ 100 厘米、长度随果量多少而定的沟，将土堆放四周，筑起高 20 厘米的土埂，两端建成 60 厘米高的土墙，以防雨水进入，上盖苇席以防日晒。将窖底及四周铺设松柏树叶，然后放入桃果，桃尖向上，分层排列。一般放置 3 层，上盖松柏树叶。在窑的一端要留出 50 厘米的空间，以备倒窑之用。桃入窖以后，夜间揭开苇席，通风降温，白天盖上，防止日晒。隔 3 ~ 4 天倒果 1 次，捡出烂果。霜降后，夜间盖席防止霜冻，直到大雪以后将桃移入室内，进行窖藏、菜心藏和粮囤藏。

贮藏窖建在室内窖顶外沿宽 100 厘米，内径 60 厘米，高 45 厘米，窖底高出地面 20 厘米，窖底外径 140 厘米。在窖底及四周先铺松柏树叶，将桃果分 3 层放入窖内，为防止失水，上盖白菜叶。

②菜心贮藏：是将大白菜心挖去只留 2 ~ 3 层外叶，在阳光下晒蔫，放入桃果，包扎起来，放于室内，定期检查，捡出烂果。

③冷库贮藏：近年来，随着冷藏技术的发展和普及，采用冷

库贮藏较为理想。将桃果放于0～2℃，相对湿度90%的冷库中，库内设立支架，每架放桃2～3层，或装筐放入。入库初期要掌握库温在8～10℃，1～2天后降至5℃，最后降到2℃，相对湿度80%，也可在桃果上盖菜叶保湿。

（6）主要病虫害防治　危害冬雪蜜桃的主要病虫害有：细菌性穿孔病、炭疽病、桃小食心虫、桃朗、潜叶蛾类、红蜘蛛等。

①预防为主，综合防治：施用高效低毒农药，保护利用天敌，加强休眠期防治。休眠期清理桃园，刮树皮，涂白，秋季绑草把，萌芽前喷5波美度石硫合剂，以减少病虫基数，提高防治效果。

②合理用药：首先要搞好预测预报，即冬季调查越冬病虫害基数及气候情况，预报来年病虫害发生趋势，其次是根据病虫害的发生规律，确定用药的最佳时机。

桃芽萌动期、花蕾开绽期喷50%的甲胺磷1 200倍液或菊酯类农药防治桃蚰；5月份喷15%的扫螨净3 000倍液防治红蜘蛛；地下撒施5%辛硫磷颗粒剂，消灭出土桃小食心虫幼虫，桃小食心虫羽化盛期，树上连喷2～3次30%桃小灵2 500倍液；桃潜叶蛾发生初期喷25%灭幼脲3号2 000倍液或5%的高效氯氧菊酯1 500～2 000倍液。每次喷杀虫剂可混喷50%多菌灵600倍液或50%代森锰锌660倍液等杀菌剂防治桃流胶病、炭疽病、细菌性穿孔病等。

（四）肥城桃

肥城桃，原产山东省肥城市，因果个大，果尖凹陷，似佛像之肚脐，所以又称佛桃。肥城桃是驰名中外的名产桃果，据清嘉庆二十年（公元1815年）《肥城乡土志》记载，“惟桃最著名，近年来东西洋诸国亦莫不知肥桃者”。日本学者菊池秋雄氏（1943年）认为，肥城桃是世界上桃改良最早的代表品种。

肥城桃果实大型，一般单果重250～300克，大果可达900

克，外形美观，汁多，味甜，香味浓郁，食之爽口。

目前，肥城市已发展肥城桃 2 800 平方公顷，以桃园、安站、湖屯等乡镇为集中产区，国内外均有引种栽培。

1. 主要品种

果实性状，肥城桃主要分为红里肥桃和白里肥桃两大类型①红里肥桃：果个大，一般为 250 ~ 300 克，最大可达 900 克。果实圆形，果尖微突。缝合线过顶，深而明显，梗洼深广，匀称。果皮乳白，有的阳面具红晕。果皮厚，茸毛极多，不易剥离。肉质细嫩，硬而溶质，汁多，酸甜适中，可溶性固形物 14% ~ 20%，香气浓郁，品质极佳，黏核。成熟期为 8 月下旬至 9 月上旬。该品种单株坐果率较高，丰产性较稳定，一般每 666. 7 平方米产量 2 000 公斤，高产可达 3 000 公斤，在目前肥城桃栽培面积中，红里肥桃占 80% 以上。②白里肥桃：果实圆形或心脏形，平均单果重 150 ~ 250 克，最大者达 500 克。缝合线较深，两侧对称，果顶圆而下陷，果尖微凸，梗洼深广。果皮中厚，底色绿白，阳面呈米黄色，茸毛多，不易剥离。果肉细嫩，乳白色，硬溶质，汁液略少，桃香浓郁，味甜无酸，品质优。黏核，核小肉厚，可食率高。丰产性不及红里肥桃。

2. 生长发育特点

肥城桃是北方品种群的典型代表。其特点是生长旺盛，树体高大，树冠直立，层性明显，潜伏芽寿命长，短果枝、花束状结果枝或花簇状果枝结果能力强，枝条粗壮，旺枝坐果率低，易形成“桃奴”。

（1）根的发育　肥城桃的根系发达，在沙质壤土的果园内 10 年生树根深达 7 米，集中分布层在地下 30 ~ 50 厘米内，水平分布可达 10 米多。

（2）枝的生长发育

①营养枝：生长势强，从 4 月下旬至 6 月上、中旬一段时间

内生长较快，这期间枝条上形成的芽质量高。随着气温的升高和降雨量的增加，生长速度加快，直到7月下旬至8月上旬才停止生长，以后形成的枝条质量较差，芽体部位多为盲节。

②徒长枝：生长势强，过旺，枝条发育不充实，分枝级次多，能形成花芽，消耗大量养分，除用来更新老枝，一般不予保留。

③叶丛枝：肥城桃易出现叶丛枝。这类枝条在春季萌发后，5月上旬停止生长，每丛3～5叶，长约2厘米左右，多出现于剪口下或甩放枝的下部。这类枝条若位于优势部位，刺激后可形成理想的枝条。

④结果枝：分为长、中、短果枝三类。

（3）果实的生长发育　肥城桃果实生长属双“S”形，果实发育分为三个阶段。其特点：第一阶段是果实第一次迅速生长期，时间为4月中旬至5月下旬或6月上旬，果实迅速生长，果个和重量增长较快。第二阶段称硬核期，果实生长减缓，果核逐渐变硬，此时期从5月下旬开始，一直延续到7月下旬。第三阶段为果实第二次迅速生长期，在硬核期结束后从7月上旬开始，直到8月末或9月上旬果实成熟为止，历时30～40天。

3. 栽培环境

肥城桃是喜温果树，年平均温度以8～14℃为宜，耐寒力较弱，一般在－25～－22℃下可能发生冻害。花期可耐－2～－1℃低温，但阴冷、多雨会妨碍授粉、受精而导致减产。肥城桃在秋季，特别是9～10月份气温骤降、多秋高气爽天气，此时正值肥城桃果实迅速膨大期，有利于果实糖分积累，是形成优质肥城桃重要气候特点。

4. 栽培技术要点

（1）苗木繁育

①砧木：毛桃与肥城桃的亲和力强，根系发达，也比较耐旱、耐寒，嫁接后生长结果良好，是肥城桃适宜砧木。

②嫁接：以芽接为主，在雨季前后进行，应避开多雨的流

胶期。

(2) 建园

①园地选择：肥城桃园宜选在丘陵地区，以背风向阳、三面环山、向南开阔地带为好，这样光、热条件好，有利于肥城桃品质提高。

②栽植：a. 配置授粉品种。b. 栽植密度与方式：肥城桃生长旺，树体大，平原栽植密度，株行距为4~5米×5~6米；丘陵梯田株行距为3~4米×4~5米为宜。肥城桃栽植时间以春栽为宜。

(3) 土、肥、水管理

①土壤管理：重点是改善土壤的通气状况。桃对土壤中的通气状况特别敏感，要求土壤中的氧浓度较高，根据土壤情况进行深翻改土。

②施肥：合理、科学施肥是保持和增进肥城桃品质的重要措施。肥城桃施基肥的时期，以采收后9月中、下旬至10月中旬为宜，以含磷、钾的有机肥料为主，结合深翻施入。早施基肥可促进花芽的分化，增加当年树体的营养储备。在无水浇条件的山区，结合降雨施入效果好。肥城桃的追肥共分两次：第一次在6月中旬，以钾速效性的复合肥、磷酸二氢钾、人粪尿等为主，促进枝叶发育、芽子的形成；第二次在7月中旬，以速效性磷、钾肥为主，促进果实发育，提高果实品质。

③灌水与排水：在降雨少的情况下，抓好4次水：第一次是花前水；第二次在6月上旬，也叫“攻果水”，第三次结合秋施基肥进行；第四次是在封冻前进行。

(4) 整形修剪

①适宜树型：肥城桃干性弱，又极喜光，宜采用丛状形和开心形两种树形。a. 丛状形。b. 三主枝自然开心形。

②幼龄树修剪：肥城桃幼树直立生长，修剪任务是结合整形，扩大树冠，缓和树势，控制旺长。冬剪时对延长枝适当缓放

轻剪，或利用二次枝背后换头来削弱顶端优势，开张角度。侧枝留40~50厘米短截，去直留斜，促发较多的中庸发育枝，培养结果枝，疏除过密枝、纤细枝。

③盛果期树修剪：肥城桃进入盛果期后，营养生长趋缓，由于大量结果而枝条角度开张，树冠扩大减缓，中短果枝及花束状结果枝增多，但仍有外围枝直立旺长的习性。此时期修剪的任务是控制外围强枝，削弱顶端优势，改善内部光照条件，延长结果枝的寿命，防止内部光秃，延长高产优质的年限。

④衰老树修剪：肥城桃进入衰老期后，营养生长衰弱，小型枝组大量死亡，大型枝组表现衰弱，产量和品质明显下降。这时就需要进行更新复壮，对大枝逐年轮流回缩，促使后部枝组壮旺。

⑤夏季修剪：夏季修剪也称生长季节修剪，是利用拉枝、抹芽或除萌、摘心、剪梢等技术，从萌芽至落叶前对树体各类枝、芽、梢实施的人工措施。

(5) 花果管理

①疏花疏果：肥城桃成龄树以短果枝和花束状结果枝结果为主，常因坐果过多而导致树势衰弱，果个小，品质差。因此，需要进行疏花疏果，调节负载量，保持连年优质高产。

②套袋：桃果实套袋既可以防止肥城桃病虫害的危害，又可使果皮茸毛变短，果皮细嫩，果面美观，减少果肉纤维，提高果实商品价值。a. 套袋时期：宜在定果后，桃蛀螺大量产卵以前进行。套袋前应先喷1~2次药，防治病虫。纸袋多用旧报纸制作，费用低廉，通气性较好，但容易被风雨破损。近年来，天津绿达桃果套袋为桃专用纸袋。b. 套袋方法：与苹果套袋相似，但桃果套袋捆扎丝应固定在果枝上。缺点是套袋果味淡。在成熟前1周除袋，可提高果实含糖量，增加果实风味。除袋前应先打开袋底通风，3~5天后再除掉纸袋。去袋宜在阴天或傍晚阳光较弱时进行，使桃果免受阳光突然照射而发生日灼。

③顶枝：随着果实的增长，枝条的负载量增加，为了防止大枝劈裂，可用木棍顶住。顶枝的方法是将支柱的顶部固定在大枝上，下端斜放于地面，不加固定，在枝条受风摇动时有伸缩余地。在肥城桃接近成熟时，为了防止落果，用柳条等做一比果实小的圆圈，上拴三条等距长绳，把桃轻轻放于吊圈上，把绳固定在较粗的大枝上即可。

(6) 采收与包装　桃果实采收后，一般不能凭借后熟作用来增进果实品质，其真正的品质、风味必须在树上完成。因此，采收过早，风味淡；采收过晚果肉软，风味下降，不利于贮藏和运输。应根据果实用途、销售地远近等情况适时采收。外销生食肥城桃，在果实八成熟采收；酿酒或短途运输九成熟采收；制罐的七成熟就要采收，过熟不易加工。

采收果篮装5~10公斤为宜，果筐20公斤为宜。采果时五指分开托住果实，另一只手抓住果枝，轻轻向果枝相反方向推拉，轻拿轻放，避免碰伤果面。

分级包装时，首先剔除病虫果、伤果、畸形果等，按果实大小分级。单果重250~300克为一级，180~200克为二级。就地出售或短途运输用果筐，出口或远途运输装箱，每箱5公斤为宜，包装箱应坚固、美观，果实用网套，以避免磨压伤。

(7) 主要病虫害防治

①3月上旬：40%福美牌可湿性粉剂100倍液+95%机油乳剂或柴油乳剂50~80倍液(铲除树上越冬菌、蚜虫、介壳虫等)。3~5波美度石硫合剂喷“干枝”，1周后(3月中旬，芽萌动时)，喷布40%桃蚜净乳油(或其他菊酯类杀虫剂)1 500~2 000倍液（铲除树上越冬菌、蚜虫、介壳虫等)。

②4月下旬至5月初(花后5~7天防治蚜虫、穿孔病、烂果病)：40%桃蚜净乳油1 500~2 000倍液或50%甲胺磷乳油1 500倍液+70%代森锰锌可湿性粉剂1 000倍液。

③5月中旬(防治蚜虫、穿孔病、烂果病)：40%桃蚜净乳油

1 500～2 000 倍液或 50% 甲胺磷乳油 1 500 倍液 +70% 代森锰锌可湿性粉剂 1 000 倍液。

④5 月下旬（麦收前，防治螨虫、桃蛙螺、穿孔病、烂果病）：40% 桃蚜净乳油 1 500～2 000 倍液或 50% 甲胺磷乳油 1 500 倍液 +5% 来福灵乳油 2 500 倍液、或 50% 甲胺磷乳油 1 500 倍液 +5% 高效氯氧菊酯乳油 2 000～3 000 倍液、或 40% 水胺硫磷乳油 1 500 倍液 +5% 高效氯氧菊酯乳油 2 000～3 000 倍液 +70% 代森锰锌可湿性粉剂 1 000 倍液。

⑤6 月上旬至 8 月上旬（麦收后，防治烂果病、穿孔病、桃蚊螺、红蜘蛛等）：40% 水胺硫磷乳油 1 000 倍液或 2.5% 功夫乳油 2 000～3 000 倍液或 20% 灭扫利乳油 2 000 倍液 +70% 代森锰锌可湿性粉剂 1 200 倍液 +50% 多菌灵可湿性粉剂 1 000 倍液。重复 2～3 次。

⑥8 月中旬（防治烂果病、穿孔病、潜叶蛾等）：50% 多菌灵可湿性粉 1 000 倍液 +70% 代森锰锌可湿性粉剂 1 200 倍液 +5% 高效氯氧菊酯乳油（或 5% 来福灵乳油）2 000 倍液。

⑦9 月上旬至采收（防治烂果病、潜叶蛾）：50% 多菌灵可湿性粉剂 1 000 倍液 +70% 代森锰锌可湿性粉剂 1 000 倍液 +5% 高效氯氰菊酯乳油（或 5% 来福灵乳油）2 000 倍液。重复 2～3 次。

⑧注意事项：

a. 防治喷药时间：以上是山东省泰安市肥城的大致时期，不同地区有所差异，温暖地区提前 1 周，沿海果区推迟 1 周。

b. 施用的杀虫、杀螨剂：可根据虫害、螨害发生及抗药性情况适当调整。降雨量多时应增加杀菌剂的施用次数及使用浓度。

c. 药剂混配：首先将盛药液容器加入应配水量的 2/3，再将各单剂用少量水混匀后，在不断搅拌下逐一加入盛水容器中，最后加水至足量。否则，将造成混合药液、离析、沉淀、药剂结块。

六、几种李子的栽培及贮藏特性

（一）李杏优良品种

1. 李子的优良品种

（1）携李　又名醉李，原产浙江省桐乡桃源村，栽培历史在2 500年以上，为历代封建王朝的贡品。树型大，树冠开张，树势中等。果大、扁圆形，平均单果重48克，最大95克。果皮薄，果肉黄色。肉质细，纤维少，完熟后果肉柔软多汁，味甘甜浓香，含可溶性固形物14%～15%，品质极上，黏核，核小，扁圆形，在浙江果实6月末至7月初成熟。产量不高，自花结实率仅5.4%，人工授粉可达21.8%。管理粗放有大小年现象。早期落花落果严重。耐高温多湿，抗寒、抗旱力较差。适于在黄河以南栽培。

（2）绥李3号　寺田实生，由黑龙江绥棱果树试验站选出。果实圆形，特大，平均单果重70克，最大果重130克，底色黄绿，彩色为红色，果肉色黄而厚，汁多味甜，有香气，含可溶性固形物16.6%，含糖13.1%，含酸0.27%，纤维少，黏核，核小，果实除生食外还可加工成罐头。树势强，幼树生长直立，结果后开张，萌芽力高，成枝力强，以花束状果枝结果为主，一年生枝的新花芽也可开花结果，在北京地区8月中、下旬成熟。该品种丰产稳产，栽后二年开花结果，经济效益高。抗寒力极强，在-30℃地区不受冻害，适于东北、华北、西北、内蒙古等地栽培。

（3）香蕉李　在辽南已有近50年的栽培历史。在河北、山东、北京等省市均有栽培。树体开张，呈半圆形或杯状形。以花束状果枝结果为主，连续结果能力强，坐果率高，高产、稳产。果实扁圆形，果顶钝平，缝合线浅，果皮底色黄，彩色红，贮后变紫。果肉黄色，为不溶质，含可溶性固形物13.6%，汁多肉脆，香味浓。果核小，离核，果实8月中旬成熟。

（4）五月鲜　河南省新乡、洛阳等地区栽培的早熟优良品种。果实大，平均单果重50克以上，近扁圆形。果皮黄色，果粉少，果肉黄色，柔软多汁，味甜，香味浓，最宜鲜食，品质上等，离核。

（5）帅李　又名串子，是山东省最佳、最丰产的优良品种。果实大，平均单果重达70克，近圆形，黄绿色，阳面紫红至暗红。果皮厚，不易分离，果肉淡黄绿色，肉质细密，汁液多，味甜而微酸，香味浓郁，品质上等，黏核。当地在7月上旬成熟，果实发育期70天左右。

（6）海里红　又名大红李，为安徽砀山、河南杞县等地区栽培的优良品种。果实特大，平均单果重76克，扁圆形。果皮底色杏黄，成熟时全面紫红色，被有灰色果粉，外形艳丽美观。果肉黄色，近核处为紫黄色，肉质致密，汁液多，味香而甜，品质上等。果实较耐贮运，丰产。在当地7月中、下旬成熟，果实成熟约100天左右。

（7）盖县大李　为沈阳农业大学和盖州市果树局在辽宁盖州发现的红皮、黄肉、大果型李树。果实特大，平均单果重125克，最大果重165克，圆形，整齐，端正。果实底色黄绿。果皮中厚，果粉少。果肉橙黄色，果汁较多，果肉细软，味甜酸而浓，有香气。含可溶性固形物13.5%，品质极上。采后在常温下可贮放10天左右。以中短枝和花束状果枝结果为主。自花结实率7.5%，异花结实率67.5%，较丰产。在盖县7月20～25日果实成熟，果实发育期80天左右，为优良大果早熟品种。

（8）玉皇李　是我国古老品种之一。果实长圆形，平均单果重61.3克，最大果重70克，果面黄绿色，果肉黄色，肉质硬脆，纤维少，果汁多，风味甜酸，香味浓，品质上等。玉皇李不仅是鲜食良种，也是加工罐头的优良品种。在辽南8月上旬成熟，果实耐贮运，一般可存放1周左右。该李适应性强，主要分布于黄河两岸的甘肃省、宁夏、陕西、河南、河北、山东、安徽等地，辽南也有栽培。

(9) 三华李　三华李是广东著名的优良名特水果，原产于翁源县三华乡而得名，至今有400多年的栽培历史，品种从一个发展到多个品种，其中以大蜜李、小蜜李、鸡麻李三种最多，质量最好，早熟。

①大蜜李（早蜜李）：果大，圆形，平均单果重40~50克，果皮红褐色，果粉薄，果肉致密。含可溶性固形物11.5%，肉厚，核小，可食率97%以上。果肉红色，风味独特，清甜芳香，爽脆可口，品质上等，产量高，8月下旬成熟。

②小蜜李（迟蜜李）：果较小，平均单果重30~35克，肉质爽脆，清甜芳香带蜜味，品质稍次于大蜜李，丰产，产量稳定，含可溶性固形物10%，7月上旬成熟。

③鸡麻李：果大，长椭圆形，平均单果重60~70克，肉质香甜爽脆。

(10) 牛心李　牛心李属美洲李。果实圆形或椭圆形，大而整齐，平均单果重37克，最大果重45克，果实成熟后为暗红色，有白色果粉，果肉黄色，纤维较多，味甜酸，皮厚稍涩，黏核，品质中等，较耐贮运。在果实接近成熟期、雨水大时，易裂果。牛心李树势中等，树姿开张，萌芽力中等，以针刺状短果枝结果为主，北京地区8月中、下旬成熟。

(11) 秋李　原产辽宁省葫芦岛市，至今已有100多年栽培历史，是辽宁省的名特优果品。果实为心脏形，平均单果重30克，最大果重42克。果面紫红色，果肉黄色，肉质硬脆，汁多，风味甜酸、微涩，有香味。含可溶性固形物13.7%，品质上等，丰产性强。核小，黏核或半黏核。该品种抗病虫能力强，耐瘠薄、耐旱。低干，矮冠，枝条平展。

（12）朱砂红李　山东省城一带栽培较多，历史较久。树冠圆头形或多主枝倒卵圆形，树势中等，枝条直立，以短果枝结果为主，较丰产。果实圆形，个大，平均单果重60~70克，果皮紫红色，果肉黄色，质脆，汁多，味香甜，品质优良，7月上、中旬成熟。

（13）跃进李　又名吉林6号，吉林果树所育成。树冠大，扁圆形，树姿开张。果实近圆形，平均单果重30克，最大的可达50克，果皮底色黄绿，色彩暗紫红色，肉质较脆，甜味浓，汁多，纤维少，黄色，半离核，品质上等。该品种适应性很强，耐寒，结果早，丰产，成熟期为7月下旬至8月上旬。

（14）阜红李　引自日本，果形卵圆，平均单果重34.2克，最大65克，果面鲜红色，果肉黄色，有放射状红线。肉质细脆，甜酸多，微香，含可溶性固形物11.8%。在辽南6月末至7月初成熟，抗寒、抗病性较强，经-28℃低温无冻害。

（15）绥棱红李　又名北方一号，果实圆形，个大而整齐，平均果单重50克。果面鲜红色，果肉黄白色，肉质细，致密多汁，风味酸甜，香气浓，含可溶性固形物13.9%~16.0%，黏核，核小，品质上等，北京地区7月下旬成熟。较丰产，抗寒、抗红点病。自花结实率为零，必须配置授粉品种。

（16）大石中生李　引自日本，果实短椭圆形，平均单果重65.9克，最大84.5克，果面底色金黄，阳面着鲜红色。果肉乳白色，肉质致密，风味甜酸多汁，香味浓。含可溶性固形物为13.0%，核小，黏核。丰产，在辽南8月上旬成熟。

（17）玻南李　原产美国。果实扁圆形，平均单果重75克，最大果重85.2克。果面黑紫色，果肉绿黄色。肉质韧硬，完熟时沙软，风味酸甜多汁，含可溶性固形物11.2%，在辽南8月上旬成熟。该品种果大、色美、丰产，是很有发展前途的品种之一。

(18) 澳大利亚 14 号　原产美国。果实圆形，平均单果重100 克左右，最大 183 克。果面黑紫色，果肉黄色，上皮红色，肉质硬脆，较致密，完熟时变软。风味甜酸适度，多汁，微香，含可溶性固形物 12.5%，核小，半离核，在辽南 9 月下旬成熟，是极晚熟耐贮运的鲜食优良品种。

(19) 奎冠　新疆兵团农七师果树研究所从窑门李实生选出。果实扁圆形，平均单果重 32 克，最大 47.5 克。果面暗红色，果肉淡黄色。肉质致密，果汁多，风味酸甜，香味浓。含可溶性固形物 20.0% ~24.5%，品质上等。在新疆奎屯 7 月中旬成熟，较丰产。抗寒、抗旱、抗盐碱能力较强。

(20) 九肝李　原产贵州三都县。早熟，当地 5 月中、下旬采收。果实表面深紫红色，果肉脆嫩汁多，味甜微酸，有香气，品质优，较耐贮运。

(21) 黄麦李　原产浙江、闽北一带，是浙江地方优良品种。果实近圆形，平均单果重 63 克，完熟期为浅黄或白黄色，果面光滑、有果粉。果肉金黄色，质软，汁多，甜味浓。含可溶性固形物 12.4%，抗寒、抗旱、抗病力较强，是加工、鲜食的优良品种。

(22) 济源黄甘李　又名樱桃李，在山东、河南分布较广。果实近圆形，大小中等，平均单果重人 50 克左右。果皮樱桃红色，完熟后深红，果肉淡黄色，汁多，甜酸适度，品质优良，离核。7 月上、中旬成熟，适应性较强。

(23) 北京晚红李　又名三变李、北京紫李，果实圆形或长圆形，果皮有黄色、红色、暗红色或紫色，称三变李。果个大，平均单果重 57 克。果肉黄色，风味好，外观美，硬度大，品质极佳。北京地区 7 月中、下旬成熟，常温下可贮藏 1 ~2 周。抗寒、抗病、抗盐碱。在国内外市场深受欢迎。

(24) 苹果李　果实大，底色黄绿，表色紫红，皮薄，果肉橙黄色，外观艳丽，肉细质脆，汁多味甜，品质上等。8 月下旬成熟。丰产、稳产。抗寒、抗旱、抗涝，对土壤适应性强，很受栽培者欢迎。

（25）芙蓉李　又名浦李、夫人李、粉李、红心李。主要分布于福建福安、永泰等地。果实扁圆形，平均单果重 58. 4 克，最大 75. 5 克。果粉厚，果实初熟时皮呈黄绿色，果肉为橙红色，肉质清脆。完熟后果皮和果肉均为紫红色，肉软多汁，味甜而微酸。品质上等，7 月上、中旬成熟，适于加工和鲜食。该品种又分为大粒芙蓉李、早熟芙蓉李、软枝芙蓉李、硬枝芙蓉李、青皮芙蓉李。

（26）江安李　又名白李，四川优良品种，已有百余年历史，素享盛名。果实近圆形，平均单果重 25 克，果粉较厚。果皮完熟期浅黄色。果实硬熟期肉质细脆，纤维少，汁较多，甜酸适度，有微香，完熟后肉质变软，汁液多，甜味浓，含可溶性固形物 12% ~13%，在四川江安 7 月中旬果实成熟。

（27）李王　引自日本。果实近圆形，平均单果重 102 克，最大果重 158 克。果皮鲜红色，果粉少，外观极美丽。果肉橙黄色、多汁，出汁率 75% 以上，肉质细，香气浓郁，酸味小。半黏核，可食率达 98. 5%，在河南新郑 6 月底成熟。该品种个大、含糖量高，极早熟，丰产，是目前李树中的优良品种之一。

（28）红心李　又名金塘李、嘉庆子、太平果李。为浙江、江西等省主栽品种。平均单果重 41. 7 克，最大 54. 5 克。果面绿色，果粉厚，果肉红色，近核处紫红色。有放射状果心线，果肉较多，味酸甜。含可溶性固形物 15. 5%，7 月上旬成熟。丰产，适应性广，是鲜食与加工兼用品种。

（29）花奈　又名福州李、大奈。分布于福建全省、粤东、浙江西南，素有“八闽佳果佼佼者”之誉。花奈果具有的外形和桃、李两者兼有的风味，可谓“桃形李实”，是国际市场上畅销的一种珍贵果品。花奈大而艳，果络红色，具美丽斑纹。果肉红色，肉质厚脆，风味美而清爽，果实完熟后果肉质软，细而汁多，味甜。平均单果重60～85克，最大105克。果核小，半离核。果实可食率高达90%～93%。7月上旬成熟，花奈性喜冷凉、耐寒、耐旱、丰产。

（30）蜜思李　系新西兰以中国李和樱桃李杂交育成。果实近圆形，平均单果重50.7克，果面紫红色，果肉淡黄色，肉质细嫩，汁多，含可溶性固形物13.0%，总酸1.5%，黏核，可食率97.4%，果实7月初成熟，丰产性好。

（31）红肉李　果实心脏形，平均单果重69.4克，果面棕红色，果肉血红色，肉质细，汁多，味甘甜，含可溶性固形物13.0%，总酸0.79%黏核，可食率97.3%。果实7月中旬成熟，丰产。

（32）先锋李　果实卵圆形，平均单果重79.3克。果面紫红，果肉鲜红色，肉质细，汁多，含可溶性固形物13.4%，总酸0.57%，黏核，可食率97.8%，果实7月下旬成熟，丰产。

（33）红美人李　产于浙江省桐乡县。果实近圆形，平均单果重35～55克，果皮果肉均为深桃红色。含可溶性固形物10%～14.5%，可食率98.2%，7月下旬成熟，肉质细脆，汁多，甜酸适口，品质佳，株产40～150公斤，宜鲜食和制汁。

（34）潘园李　产于浙江桐乡。果实歪圆形，平均单果重30～50克，果皮青黄色，果肉淡黄色。含可溶性固形物13.5%～18.0%，可食率98.9%，成熟期7月中旬至8月上旬，味浓甜，清香，株产20公斤，宜鲜食和制罐。

（35）黑宝石李　为美国加州李十大主栽品种之首。果实9月上旬成熟。平均单果重72.2克，最大127克，果实扁圆形，果面紫黑色，果肉乳白色，硬而细脆，汁液较多，味甜爽口，品质上等。含可溶性固形物11.5%，果实可食率98.9%，果实耐贮运，在0～5℃条件下可贮藏3个月以上。早果，丰产。

2. 杏的优良品种

(1) 骆驼黄　原产于北京地区，是极早熟鲜食品种，其果实生长发育期仅55天。果实圆形，平均单果重49.5克，最大78克。果实底色橙黄，阳面有1/3暗红色，果肉橙黄，肉质较细软，汁较多，味甜酸，黏核，仁甜，常温下采收后可放3~5天，较耐运输。丰产，抗寒、抗旱，适应性强，在辽宁和北京已作为极早熟鲜食品种大量发展。

(2) 串枝红　产于河北省巨鹿、广宗一带，果实6月底至7月初成熟，果实发育期80天左右。果实圆形，果顶一侧稍凸起。平均单果重52.5克，果面底色橙黄，阳面紫红色，果肉橙黄色。组织致密，较坚韧，汁液中等，味甜酸，品质上等，离核，丰产。适应性强，抗寒、抗旱、抗风力强。为优良加工品种，制罐、脯、酱均佳。

(3) 旬阳荷包杏　陕西省秦巴山区的优良早中熟品种。果实发育期约65~75天。果实扁圆形，果个大，平均单果重125克，最大154克。果皮底色橙黄色。向阳面有红色果点，色泽美丽。果肉橙黄色，肉质细、柔软，味浓香，甜酸适度，多汁，离核，仁甜香。采收后可贮放3~5天。是全国少有的单果重超过100克的早中熟优质品种。丰产，耐瘠薄。除鲜食外，还可加工成杏干、杏脯、杏酱、杏汁、杏酒和杏罐头。

(4) 仰韶黄杏　又名响铃杏。产于河南省渑池，分布于河南、陕西、山西、河北、北京、辽宁等地。果实卵圆形，平均单果重87.5克，最大131.7克。果皮黄或橙黄色，阳面着2/3红色，果肉橙黄色，肉质细、密、软，纤维少，汁较多、味甜酸适度、香味浓。常温下可贮放7~10天。离核，仁苦，丰产。适应性强，抗寒、抗旱，耐瘠薄，较抗病虫危害。除鲜食外，还可加工成罐头、杏脯。

(5) 唐汪川大接杏　又名桃杏。原产甘肃省东乡唐汪川，是果大质优的晚熟鲜食品种，果实生长发育期90天，果实尖顶圆形，平均单果重 90.3 克，最大 150 克，果皮底色橙黄，阳面有鲜红晕，肉质细密，汁较多，甜酸适度，香气浓，离核或半离核。该杏适应性较强，在抗寒、抗旱，丰产。除生食外，还可加工。可在交通方便的地方广泛栽培。

(6) 临潼银杏　原产陕西省临潼，果实生长发育期 75 天。果实圆形，平均单果重 80 克，最大 120 克，淡乳黄色。肉质柔软多汁，酸甜味浓，品质上等。含可溶性固形物 14.7%。离核，甜仁。该杏分布较广，适应性强，抗寒、抗旱。自然坐果率高，丰产。

(7) 礼泉二转子杏　又名大银杏，果实发育期约 75 天。果实极大，可达 180 克。扁圆形，果面淡黄色，有紫红色圈状斑点。果肉厚，肉质细软，味酸甜，品质上等。含可溶性固形物 12.2%，黏核，甜仁。适应性强，抗寒、抗旱、抗风，较耐贮运，为大果优良品种。

(8) 红玉杏　又名红峪杏、大峪杏、金杏。产于山东历城、长清、泰安一带。果实 6 月上、中旬成熟，发育期 70 天左右。果实近圆形或长椭圆形，平均单果重 80 克，最大 125 克，果面橙红色，阳面有红晕，美观，果肉橙红色、肉厚，较坚实。汁较多，味酸甜，具清香，品质上等，耐贮运。含可溶性固形物 15.9%，离核，苦仁，丰产，是优良的鲜食加工兼用品种。

(9) 笆斗杏　又名笆斗、大笆斗、八斗杏。主产于安徽省萧县、砀山及江苏省徐州等地。果实 6 月下旬成熟，发育期 90 天左右。果实近球形，平均单果重 60 克左右、果面底色黄，有红晕。果肉黄色，汁多，甜酸适度，有芳香，品质极上。含可溶性固形物 14%。离核，甜仁。适应强，抗旱，耐瘠薄。自交结实率高，丰产性好，最高株产可达 200 公斤以上，为优良的加工鲜食品种。

(10) 红金榛　主产山东省招远。果实卵圆形，平均单果重 71 克，最大 167 克。橙红色，阳面有红晕。肉质较细，多汁，味甜微酸，有香气，品质上等。含可溶性固形物 13.0%。常温下可贮放 10～15 天。离核，甜仁，种仁饱满，7 月上旬成熟，早期丰产，抗寒、抗旱，适应性较强。加工的杏脯、杏罐头等皆为优质产品。该杏是目前国内较好的鲜食、加工和仁用兼用品种。

（11）山黄杏　又称大黄杏，原产北京市昌平县。果实圆形，平均单果重 60 克，最大 80 克，果顶平、微凹，果皮底色橙黄，阳面具鲜红晕。果肉橙黄色，肉厚，质地细韧，汁多，酸甜适口，有香气，含可溶性固形物 14.1%，品质上等。黏核或半黏核，成熟离核，苦仁，6 月中旬果实成熟，较耐贮运，是鲜食、制罐兼优的品种。

（12）番白杏　又名大白杏、银白杏。产于天津市蓟县和冀东遵化、丰润等地。果实 6 月下旬成熟，发育期 60～70 天。果实黄白色，肉质细，多汁味甜，香气浓郁，品质极上。含可溶性固形物 14%～20%。离核或半离核，苦仁，抗旱，适应性强，为著名鲜食品种。

（13）兰州大接杏　又名南川大杏子、朱砂杏、麦杏等，为兰州古老品种，主要分布在甘、陕、蒙、宁、辽、京等地。树性强健，树姿半开张。6 月下旬至 7 月上旬成熟，果实生育期 75～85 天。果实长卵圆形，平均单果重 84 克，最大 180 克。果皮底色黄或橙黄，彩色暗红色晕或霞状，并有明显红色斑点。果肉黄或橙黄，汁液较多，肉质柔软，纤维较多，风味甜而浓、香味，品质极上，含可溶性固形物 13.4%～15.5%，离核或半离核，核果比为 4.69%。外形美观，品质好，宜生食，亦可加工制脯及仁用。适应性广，抗寒，丰产。老树易流胶，为有名的优良品种。

（14）金妈妈杏　主产甘、辽、蒙、陕、京、晋等地。树势强健，树姿半开张。6 月下旬至 7 月上旬成熟，果实发育期 75～85 天。果实近圆形，平均单果重 46.3 克，最大 58 克。果实底色橙黄，彩色为鲜红色，霞状。果实浓黄色，汁液较多，肉质细软，味酸甜，具香味，品质中上等。含可溶性固形物14.2%，半离核，核果比4.58%。果实外观美丽，极丰产，抗寒、抗旱，适应性强，为品质优良的早熟品种。宜生食，可制罐、仁及干兼用。

（15）火杏　主产山东省青州。果实椭圆形，平均单果重39克，果皮黄色，覆有红晕及红色斑点，果肉黄色，肉质细，纤维少，汁液多，酸甜适口，含可溶性固形物14%。早果，较丰产，适应性强。4月上旬开花，5月下旬成熟，果实发育期54天，为极早熟品种。

（16）玉巴达　原产北京市。果实较大，平均单果重61.5克，最大81克，果实整齐，近圆形，果面底色为浅黄白色，阳面有鲜红晕，果肉黄白色，肉质细，汁液多，味甜酸，有香味，含可溶性固形物12.0%～13.0%，离核。在北京地区，3月中旬花芽萌动，6月上旬果实成熟，果实发育期65天。以短果枝和花束状果枝结果为主，同花结实率低，是优良的中早熟品种。

（17）广杏　又名礼泉梅杏，主产于陕西省礼泉和乾县。平均单果重100克以上，最大250克。果面橙黄色，果肉橙黄色，味甜多汁，品质极上。离核，极丰产，为优良大果鲜食品种。

（18）孤山梅杏　主产于辽宁省东沟县，平均单果重76克，最大105克，长圆形，果面底色为黄色，阳面为红色，果肉黄色，肉质硬，成熟后变软，汁液多，酸甜适口，品质极上，含可溶性固形物15%。树势强，树姿开张。适应性强，抗旱、抗寒，抗病，但花器有严重退化现象，在当地4月下旬盛花，7月中果实成熟，果实发育期70～80天。

（19）贵妃杏　产于河南省灵宝。平均单果重55克。最大79.6克，近圆形，果面为鲜橙黄色，阳面有红晕，茸毛少，光洁美观，果肉橙黄色，肉质细，汁液中多，味酸甜，稍有香味，品质好，含可溶性固形物13.5%。树势强，树姿半开张。适应性强，耐贮放，常温下可贮放 10 天左右，在当地 3 月中、下旬盛花，6 月上、中旬果实成熟，果实发育期 80 天左右。

（20）双仁杏　主要分布在甘肃定西和兰州。果实平底圆形，平均单果重 127 克，最大 225 克。果面底色黄，阳面有红晕，果肉黄色，肉质细脆而致密，汁液较多，甜酸，有香味。含可溶性固形物 12%，品质上等，适应性强。

（21）龙王帽　又名王帽、大杏扁、杏扁等，主产于河北省涿鹿、怀来、涞水及北京市延庆。果实发育期 80～90 天，果实扁卵圆形，平均单果重 20.0 克。果皮底色橙黄，无红晕和斑点。果肉橙黄色，肉质粗硬，纤维多，汁极少，味酸涩，不可鲜食。离核，出核率为 20%，出仁率 27%～30%。仁甜，饱满，具有杏仁香味。对土壤要求不严，耐旱、耐寒。自然坐果率高，极丰产。杏仁品质好，商品价值高，是优良的仁用品种。

（22）一窝蜂　又名次扁，小龙王帽，原产河北省张家口地区，为该地主栽品种。果实卵圆形，平均单果重 10～15 克，果皮黄色，阳面有红晕斑点。果肉橙黄色，肉质硬，纤维多，汁少，味酸涩。离核，出核率 25%，出仁率为 30%～35%，仁甜，具苦杏仁香味。该品种适应性强，抗旱、耐寒，丰产。是仁用优良品种。适宜在偏远干旱的山区发展。

（23）白玉扁　又名柏玉扁、大白扁、臭水核，主产区有北京市门头沟及河北省涿鹿和怀来等地。果实发育期 90 天。7 月下旬成熟。果实扁圆形，平均单果重 18.4 克。果皮黄绿色。果肉厚 0.45 厘米，果肉酸绵，有涩味，不宜生食，可制干，离核。成熟果实自然开裂，杏核掉出。出核率 22.2%。出仁率 30%。适应性强，耐干旱、耐瘠薄，丰产，坐果率高。杏仁乳白色，整齐美观，味香可口，很受欢迎，是仁用杏中有发展前途的品种。

（24）北山大扁　又名荷包扁，主产于河北省怀来、赤城、丰宁、兴隆、深平及北京密云、延庆、怀柔等地。果实扁圆，橙黄色，阳面有红晕，紫红色斑点，果肉橙黄色。平均单果重

17.5～21.4克，果皮厚，肉质粗，汁少，味酸甜，可生食亦可制干。适应性强，高产、抗旱。但杏仁较瘦。

（二）李杏的特征特性及对环境条件的要求

1. 植物学特征及生物学特性

（1）李杏的器官、生长和结果习性

①根系：根系是构成树体的重要器官，它除了起固定树体的作用外，还能吸收水分、矿质养分和少量有机物质，以及贮藏一部分养分，根系还能将无机养分合成有机物质，稳定地供给树体全年生长结果的需要。根也能合成某些特殊物质，如内源激素（细胞分裂素、脱落酸等）对地上部分生长起调节作用。根在代谢过程中分泌酸性物质，能溶解土壤养分，使之转变成易溶解的化合物。根系的分泌物还能将土壤中的微生物引到根系分布区来，并通过微生物的活动将氮、磷、及其他元素的复杂有机化合物转变成根系易吸收的状态。总之，根系与地上部分息息相关，其好坏直接影响地上部分各器官的发育，以及每年的产量乃至树的寿命。所以要想丰产稳产，首先要创造根系活动的良好条件。

依形态、生长特性、功能的不同分为主根、侧根、骨干根、须根、吸收根等。主根由胚根直立向下生长形成，也叫垂直根。侧根是由主根分生形成，多水平方向伸展，也叫水平根。主根和侧根构成根的骨架，又叫骨干根，承担着固定树体、吸收、输送和贮藏养分的作用。骨干根上着生的小根统称为须根。须根末端发生的许多白色新根叫吸收根，主要是承担吸收土壤中水分、养分及合成有机物质的作用。

李树根系的分布，因砧木、品种及生长环境条件不同而有差异。土壤深厚、疏松及地下水位低的地方，根系分布较深。李树根系一般不深，根群分布最多的地方是20～50厘米处，根的分布广，一般可达冠径的1～2倍。李树根系的活动，受温度、水分、肥料、土壤通气性等因子影响，也受树体营养状况和各器官生长的制约，和负载量、修剪、病虫害等因素有关，土壤温度与根系的关系非常密切。根系在一般情况下，没有自然休眠期，只有在温度过低时才被迫休眠，如果温度适宜，一年内都能生长。当土壤温度达到根系生长的温度时，经过一段时间，即可发生新根。当土温达到5～7℃时即可发生新根，15～22℃时根系最活跃，超过22℃时则根系生长缓慢。

土壤湿度影响根系的活动。土壤水分状况和土壤湿度、透气性、养分状况都有密切关系。根系的活动是在适宜土壤湿度条件下进行的，水分过多，特别是地下水位高，排水不良的果园，不但降低土壤温度，更主要的是破坏了土壤的通气性，影响根系的活动，甚至使根系因缺氧窒息而死亡。所以，在选李园时要特别注意地下水位。夏秋季雨水过多要注意排水。土壤水分缺乏时，也不利根系生长。土壤水分达到田间最大持水量的60%～80%，适于根系生长。

树体内营养物质的积累与根系活动有密切关系，根系也受到地上部分各器官活动的制约。因此，根系与地上部分器官此起彼伏，呈波浪式生长。一般幼树根系，在一年之中有3次生长高峰，第一次在春季土温适宜时，利用贮藏营养生长，第二次是在新梢生长缓慢时；第三次是在雨季土壤湿度大、土温降低时。成龄树全年只有两次高峰。春季根系活动后，生长缓慢，直到新梢生长快结束时，才开始第一次发根高峰，是全年的主要发根季节。到秋季出现第二次高峰。在第一次发根高峰时，所吸收的养分主要供给果实和花芽分化的需要。因此，要注意土壤管理，及时施肥、灌水。杏树根系分布广而深，在土层深厚的地方，垂直分布可深达7米以上，水平分布常超过冠径的2倍，故能耐瘠薄和干旱。

杏树根系的发育及其在土壤中的分布，受栽植地的土壤状况、树龄、砧木种类、栽植方式等多种因素的影响。一般情况下，根系绝大部分集中于距地表20～60厘米深处的土层中，在瘠薄的山地上根系分布要浅得多。实生杏、山杏陆木根系分布深，桃砧则浅。播种的坐地苗根系既广又深。移栽苗水平根发达，但缺乏明显的垂直根。根的发育同地上部分有直接的关系。品种不同，根的数量和分布也不尽相同。一般树冠小的品种，其根系也小而浅。此外，过重修剪不仅会严重缩小树冠体积，同样也会使根系缩小。

各种农业技术措施对根系发育有很大影响。合理的耕作制度和水肥管理，可以保证根系有充足的营养和水肥供应，增加土壤孔隙度，改善根部的通气状况，有利于根的发育和延长根的寿命。相反，不良的土壤管理和水肥措施会抑制根的生长，加速根的死亡。极度的干旱和水涝，会使根系处于饥渴和窒息状态，常导致根的死亡。不合理的施肥方法，会伤及大根，施肥过浅会引导根向表层发展，从而减弱抗旱能力。

杏根在一年中没有绝对的休眠期。如温度、水分和空气条件得到满足，全年都可生长。春季一般在开花发芽后达到第一次发根、生长高峰，在杏果实发育、新枝生长盛期根系活动转入低潮，果实成熟采收后出现第二次生根高峰。因此，在果实采收后追肥、浇水，对树体生长和次年结果是很有利的。

②枝、芽：a. 枝：枝的功能主要是运输水分、养分，支撑并着生叶、花、果实和贮藏营养。枝着生的位置和作用不同，可分为主干、主枝、侧枝、小侧枝。又据枝条性质不同，可划分为营养枝和结果枝。营养枝上着生叶芽、抽生新梢。处于各级主侧枝先端的为各级延长枝。结果枝是着生花芽并能开花结果的枝条。结果枝可分为长果枝(30厘米以上)、中果枝(15～20厘米)、短果枝(5～10厘米)、花束状果枝(15厘米以下)。长果枝是幼树的主要结果枝。中果枝是初果期树的主要结果枝。短果枝是盛果期树的主要结果枝。花束状果枝是盛果期和衰老期的主要结果枝。短果枝和花束状果枝每年由顶芽延伸一小段新梢，继续

成为花束状果枝，可连续结果 4 ~5 年。因此，结果部位比较稳定，大小年不明显。老龄的花束状果枝可以发生短的分枝构成密集的花束状果枝群，营养条件好时还可抽生较长的新梢，转变成中、短果枝乃至更新枝。李树为落叶小乔木果树，树冠高 3 ~5 米。自然生长时，中心干容易消失，形成开张树冠，幼树生长旺盛，发枝多，形成树冠快，有利于早结果，早丰产。中国李一般 2 ~3 年结果，5 ~6 年进入盛果期。李的树姿由于不同品种的发角度的不同而有直立（欧洲李、杏李）、半开张与开张的差异。半开张型品种极性生长势强，易形成上强下弱，下部枝易死亡而光秃。开张型品种极性生长势弱，树冠开张度大，盛果期后易下垂而衰弱。一般以开张型便于管理，容易保持稳产、高产。杏多为乔木，寿命长，枝干生长量大，树冠高大。一般盛果期树冠高达 6 米以上，2 ~4 年结果，寿命在 20 ~100 年，杏树的树冠在自然生长条件下，多呈自然圆头形或自然半圆形，枝条姿式有直立、斜生、下垂 3 种，品种间有明显差异。直立型幼树，树冠呈圆锥形，进入盛果期后，枝条逐渐开张成近圆形。开张树枝条分枝角度大，幼树就比较开张。结果后很快向四周扩展，呈圆头形，进入盛果期后，枝条明显下垂，树冠呈半圆形。b. 芽：李芽有花芽与叶芽之分。多数品种在当年生枝条的下部，多形成单叶芽，而在枝条中部形成复芽(包括花芽)，在枝条接近顶端又形成单叶芽，各种枝条顶端均为叶芽。花芽为纯花芽，每花芽包孕着 1 ~4 朵花的花序。在一个芽位上可单生一个叶芽(少数为花芽)，也可 2 ~3 个花芽和叶芽并生为复芽。李芽具早熟性，新梢当年生芽可以萌发，幼旺树可连续形成三次梢。故分枝多，进入结果期早。李树萌芽力强，而成枝力强弱因品种而异，一般在 1 年生枝梢末端，发出 2 ~3 根发育枝，其下部的芽只能形成短果枝或花束状果枝。但潜伏芽寿命较长，枝条下部空虚现象不严重。杏芽为鳞芽，分为叶芽和花芽两类。花芽为纯花芽，萌发后形成朵花。杏营养枝的腋芽为单芽，结果枝的叶芽为复芽。常见一个芽位着生一个叶芽或一个花芽，或一个花芽和两个叶芽并生为复芽，后者多，复芽的叶芽在中间。杏叶芽具有明显的顶端优势，直立、高位者势强。叶芽属早熟性芽，当年可萌发形成二次、三次乃至四次枝。芽的早熟性使杏树能够早期形成树冠，早进入结果期，摘心可促使发生二次枝或三次枝，增加结果枝数量。杏芽成枝力弱，萌发的芽只有顶部3～4个可抽长枝。这种较弱的成枝力，导致杏树比较疏朗，与其强烈的喜光性是相一致的，但也由于成枝力弱，常使主侧枝的下部呈现秃裸现象，减少了结果部位。杏潜伏芽的寿命很长，可达20～30年之久，是杏树强大生命力和适应性的一种表现。c. 李是落叶果树，秋末即行落叶。

（2）李杏结果特点　李嫁接后2～4年即可开花结果，8～25年为盛果期，30年后即老衰。其结果习性大体与桃相似，可以在当年新梢上形成花芽。花芽于夏秋间(6月中、下旬至9月初）开始分化，高峰期在7月中旬，不同品种、不同年份有异，早的从6月上旬就开始，晚的7月上旬。短枝腋芽可在一个相当长的时间内陆续开始花芽形态分化，长果枝复芽多，短果枝和花束状果枝几乎全是单花芽。

李花为两性花，属子房上位，每朵花有1个雌蕊，20～38个雄蕊。花白色，5瓣。中国李和美洲李大多数品种具有自花不实性，必须配置授粉。欧洲李可自花结实，但异花授粉后产量更高。

李果实由子房发育而成。果实从子房受精开始膨大到果实成熟，发育全过程呈双S曲线。大致可分为第一次迅速生长期、缓慢生长期和第二次迅速生长期三个阶段。第一次迅速生长期是从谢花后子房膨大到果核开始硬化前，共30～40天，此期细胞迅速分裂，数量增加，果径和重量迅速增加，果皮开始分化，可明显辨别内、中、外三层。胚乳迅速发育。此期末，内果皮停止生长。缓慢生长期共16～40天，此期果实生长缓慢，内果皮从先端开始硬化。胚开始迅速生长，并吸收胚乳的养分。第二次迅速生长期是自核硬化完成至果实成熟，共20~35天，果肉细胞迅速膨大引起果实体积和重量的第二次迅速增加，是果肉鲜重和干重的主要增长期。之后果实增大的速度减慢以至停止，果皮褪绿，着色，果实成熟。

杏树的侧芽在适宜的条件下，即开始花芽分化。所谓的适宜条件主要包括：芽的一定发育阶段和适宜的内、外部条件。适宜的内部条件决定于结构物质、能量物质、生长调节物质和遗传物质的含量。具体地说，结构物质包括光合产物、矿质盐类及由以上两类物质转化合成的各种碳水化合物、各种氨基酸和蛋白质等；能源、能量贮藏和转化物质如淀粉、糖类和三磷酸腺苷等；生长调节物质主要是内源激素，包括生长素（IAA）、赤霉素（GA）、细胞分裂素（CTK）、脱落酸（ABA）和乙烯（ETH）等；遗传物质包括脱氧核糖核酸、核糖核酸等。它们是代谢方式和发育方式的决定者。花芽形成的外部条件包括适当的光照、温度和水分等。它们可刺激内部因素的变化并启动有关开花基因。然后在有关开花基因的控制下合成蛋白质，这是花芽分化的生理过程，随后开始花器建造，即形态分化。按照激素平衡调节成花的理论，在上述物质基础具备的情况下，首先引起内源激素平衡发生变化，即在芽内ABA一定量的情况下，CTK + ETH/GA + IAA的值大于1，即可引起成花遗传物质的变化，并调节物质的分配运转，合成花芽所需的基础物质，开始花器官的建造。一般杏分化初期从6月下旬开始，高峰期在7月10日左右，分化期可延续到8月下旬。花芽分化开始后，直至立春开花前，便依次完成花萼、花瓣、雄蕊、雌蕊各器官的分化。据河北省涿鹿县林业学校对杏扁花芽分化物候期的观察，杏扁的花芽分化不同于其他核果类果树，其开始期在果实采收以后。在采收（7月5日）前，绝大多数芽的生长点停留在未分化阶段。开始分化后的各个时期比较集中，持续时间很短，只有1个月左右。

杏花为两性花，有 1 个雌蕊和 20 ~ 40 枚雄蕊。发育健全的雌蕊高于或等于雄蕊。子房上位，大多数种类和品种子房表面有绒毛。杏花常存在雌蕊发育不完全现象，所以常常开花多结果少。不同品种、年份、树龄、结果枝类型间差异很大。杨文衡等（1956 年）根据雌蕊的长度将杏花分为 4 种类型：①雌蕊较雄蕊长；②雌雄蕊等长；③雌蕊比雄蕊短；④雌蕊退化，无雌蕊或仅有雌蕊的痕迹。前两种类型可正常结果，第三种类型坐果率极低，第四种类型不能结果。雌蕊退化花的花粉能正常发芽。雌蕊退化的比例不同品种有差异，但营养水平的高低是决定因素。生长健壮的树和中短果枝少；衰老树、长果枝夏梢或秋梢，二三次枝则较多。因此，通过加强土肥水管理，更新复壮修剪，保护叶片等措施来提高营养水平，是减少不完全花的决定性措施。

杏是北方果树中开花最早的树种。影响杏树开花的因子很多，温度、品种、树龄、地势以及枝条种类都与杏树的开花有关。其中，温度是控制杏树开花早晚和花期长短的重要因子。在北方，杏树的花期多为 3 月下旬和 4 月上、中旬。同一品种开花期多为 3 ~5 天，幼树可延长到 7 天以上，杏为虫媒花，原产我国的杏，同一品种自花授粉结实率很低，当开花期遇阴冷天气昆虫活动受阻时，常导致授粉不良，因此，配置足够的授粉树、开花期放蜂或人工辅助授粉是必要的。

杏果实及其发育与李子类似。

2. 对环境条件的要求

（1）对温度的要求因种类和品种而异　生长在东北北部的窑门李、红干核李可耐 -35 ~ 40℃ 的低温；生长在江南的携李、芙蓉李则对低温适应性差；杏梅对温度的适应性更狭窄，主要分布在华北一带；美洲李比较耐寒，可在我国东北各省安全越冬；欧洲李适于温暖地区栽培。冬春干旱及花前低温对李坐果率有直接影响。李花期最适宜温度为 12 ~ 26℃。不同发育阶段的有害低温：花蕾期为 -1.1℃，开花期为 -0.5 ~ 2.2℃，幼果期为

-0.5~2.2℃。李树花期易遭受冻害，建园时应注意选择地势和坡向，据调查，海拔升高500米，花期推迟2周；山地阴坡比阳坡晚1周。欧洲李比中国李开花晚3~4周，不受晚霜影响。

杏在土壤温度达到4~5℃时生长新根，盛花期的平均气温约为7.5~13℃。杏开始生长温度为11℃，花芽分化的温度为20℃左右。杏是较耐寒果树，在休眠期能耐-30℃的低温。花芽萌动后，抵御低温的能力大大降低，在花蕾期低温超过-3.9℃，开花期超过2.2℃，开花后的幼果超过-0.6℃，或者持续时间超过0.5小时以上，就有霜冻危险。杏树比较耐高温，在新疆哈密，夏季平均最高气温达36.3℃绝对最高气温可达43.9℃，杏树能正常生长结果。但是，在高温、高湿、休眠期短的条件下，往往果实成熟期推迟、果实小，品质较差，落叶不整齐、休眠不正常并影响到翌年萌芽不整齐，坐果率低。

(2) 对光照的要求虽不像桃那样严格，但李树也是喜光树种　光照充足，枝繁叶茂，果实发育正常，着色好，含糖量高。阳坡树、树冠外围的果实着色早、风味好；阴坡树、内膛的果实则着色晚，品质差。因此，应保持李园通风透光，并培养好树形，以满足李树对光照的要求。

杏树为喜光的果树，光照充足生长结果良好，果实着色好，含糖量增加；光照不足则枝条容易徒长。内部短枝落叶早、易枯死，造成树冠内部光秃，结果部位外移，果实着色差，品质下降。光照条件也影响花芽分化的质量，光照充足则花芽发育充分，质量高；光照不足则花芽分化不良，雌蕊败育多，栽植过密或放任生长不进行整形修剪的杏树，容易导致树冠郁蔽。

(3) 对水分的要求较高　一般李果实含水量为85%以上，枝叶含水量为50%~75%，根为60%~80%。李树是浅根性果树，抗旱性中等，喜湿润。以山杏为陆的李树，根系较深，抗旱性较强。以毛樱桃为砧木的李树根系不耐涝。中国李的适应性较强，在干旱和潮湿地区均能生长。北方李较耐干旱；南方李适于湿润环境，生长期雨水稍多也能忍耐。新梢旺盛生长期和果实迅速膨大期，需水量多，对缺水最敏感，故称为“需水临界期”，花期干旱或水分过多，常会引起落花落果。花芽分化期和休眠期，则需要适度干燥。

杏树具有很强的抗干旱性。不仅因其根系强大，可以深入土壤深层吸取水分。更重要的是其在干旱条件下，有御旱和耐旱两种适应方式，能维持自由水和束缚水的一定比例，从而维持较稳定的水分平衡，使叶片的生理代谢受到的影响较小。所以降低蒸腾强度，保持较高的水势，从而延缓脱水，又具有缓慢的失水速率、较大的临界饱和亏及干燥脱水抗性，从而具有耐脱水的特性。另外，还有更加旱生化的叶结构，既有小密的气孔、叶肉细胞小而且排列紧密，又有较高的栅状组织与海绵组织之比，所以，杏树对干燥少雨的气候条件有很强的适应能力。杏是干旱、半干旱地区的重要经济树种之一。

杏对水分反应敏感，水分适宜，生长健壮，产量高，果实大，花芽分化充实；在干旱年份，特别是在枝条迅速生长和果实膨大期，如果土壤过于干旱，会引起植株生长不良，落花落果严重，果实小，花芽分化减少，影响产量、质量。杏树不耐涝，在雨水或灌水过多时，造成杏园积水或土壤湿度过大，氧气不足，抑制根呼吸。长时间缺氧(2～3 天)，根系进行无氧呼吸积累的酒精使蛋白质凝固，引起根系生长衰弱、甚至死亡，同时引起叶片萎蔫、脱落，枝条干枯甚至全树死亡。多雨及低洼易涝地区应特别注意排水问题。

(4) 土壤　李树对土壤要求不严，只要不过于瘠薄，何种土质都可栽培。但中国李根系分布较浅，尤其是无性繁殖的自根树和毛樱桃砧木的根系更浅，故以保水保肥力较强的黏质壤土为宜。对盐碱土的适应性也较强，但以土壤 pH6～6.5 为宜。沙土不适于李树生长。

杏对土壤的适应性也很强，除了通气过差的黏重土壤外，各种类型土壤都能正常生长。杏树也比较耐盐碱，在总含盐量为0.1%～0.2%的土壤中也能发育正常，但总盐量超过0.24%时，便会发生伤害。杏树在丘陵、山地、平原、河滩地都能适应，但是地理条件不同，其生长状况有很大差异。风口、风大的山顶容易形成偏冠。

七、樱桃品种、栽培及贮藏特性

（一）品种选择

品种选择的总体原则是因地制宜，以市场为导向，充分发挥当地由自然条件优势，形成特色，建立产业基地。

1. 早熟品种

（1）甜樱桃早熟品种的生长发育特点及其适宜的环境条件

甜樱桃的早熟品种果实发育期在25~40天之间，发育进程快，硬核期和胚发育期很短，有些品种甚至无明显硬核期，至果实着色时种核尚未完全木质化，胚发育不完善，败育现象较普遍。所以利用早熟品种作母本进行杂交育种时，必须进行胚培养，否则较难收到完全成熟的种子。甜樱桃早熟品种果个大小与气候条件影响很大，在春季气温回升过快的地区和年份，往往出现“高温逼熟”而不能充分发育。但早熟品种果实发育期间降雨较少，不易裂果且果实病害也很轻。甜樱桃早熟品种适宜在早春气温回升快，无晚霜危害的地区栽培。

（2）甜樱桃早熟品种适栽地区及选择的原则　我国适于栽培甜樱桃早熟品种的地区应为山东的内陆以及其他内陆省、自治区适于栽培甜樱桃的地区。在这些地区栽培早熟甜樱桃，可以更好地发挥其成熟期早的优势，抢早上市。早熟甜樱桃品种选择时，只要品质达到中等以上即可，主要注重成熟期。对果实形状、色泽要求不高。

2. 主要的早熟甜樱桃品种

（1）早红宝石　乌克兰品种，又名早鲁宾，为法兰西斯×

早熟马尔其的后代，是目前甜樱桃中成熟期最早的品种，果实发育期25～30天，可以与中国樱桃同时上市。

果实宽心脏形，平均单果重5克左右，在冷凉地区可达8克。果皮、果肉颜色暗红，果汁深红色，极浓艳。果肉柔嫩多汁，味纯正，酸甜可口，离核。鲜食品质上等。

早红宝石生长较快、树体大。嫁接苗定植次年部分即可见花，第三年普遍开花结果，花芽抗寒力强，进入丰产期早。该品种自花不实，必须配授粉树。

（2）红灯　辽宁省大连农业科学研究所育成，亲本为那翁×黄玉。是目前我国栽培最多的品种之一，尤以辽南为主。果实肾形，大小整齐，平均单果重12.2克，最大可达15克以上。果皮紫红色，色泽鲜艳，有光泽，商品性极佳。果肉肥厚，柔软多汁，风味酸甜。果柄粗短，坐果率高，半离核。树势强健，生长旺盛，幼树直立生长，生长迅速。盛果期逐渐开张。树冠较大，多年生树干皮呈紫红色。萌芽力、成枝力均强，枝条粗壮。进入结果期稍晚。大连地区6月上旬成熟，果实发育期44天左右。进入结果期后连续丰产能力强，产量高。但抗病毒病能力较弱。

（3）红艳　辽宁省大连农业科学研究所育成，亲本为那翁×黄玉。是辽南的主栽品种之一。果实宽心脏形，大小整齐，平均单果重8克，最大可达10克。果皮底色浅黄，阳面着鲜红色，外观色泽鲜艳，有光泽，甚美观。果肉黄白色，肥厚多汁，肉质较软，质地细腻，酸甜味浓，品质上乘。但不耐贮运。树势强健，树冠半开张，萌芽力、成枝力均较强，坐果率高，早丰产。有一定自花结实能力。成熟期与红灯相近。红艳抗病毒病能力弱。

（4）芝罘红　又名烟台红樱桃，系山东省烟台市芝罘区农林局，1979年在该区上夼村发现的自然实生品种。芝罘红树势强健，枝条粗壮，萌芽率高，成枝力强。在轻短截或缓放修剪时，萌芽率高达89.3%；1年生枝中短截，可抽生中长枝5~6个。盛果期，以花束状果枝和短果枝结果为主，但各类结果枝的结果能力均较强，丰产。叶片大，叶缘锯齿稀而大，锯齿钝尖。果实中大至大，阔心脏形，鲜红色，有光泽。果柄长而粗，一般长5.6厘米。平均单果重6克，最大单果重9.5克，果肉可食部分占91.4%。果肉较硬，浅粉红色，汁较多，可溶性固形物含量15%。果皮不易剥离，离核。风味佳，品质上。6月上旬成熟（一般比大紫晚3~5天），成熟期较整齐。芝罘红为一成熟期早、果实美观、肉质较硬、品质佳良的甜樱桃品种。丰产，适应性和抗病能力均强，果实耐贮运，适宜发展。

(5) 抉择　乌克兰品种，又名吉列玛，果实大型，单果重10~16克。果实圆形至心脏形，果顶浑圆，果梗粗，较短。果皮紫红至暗红色，皮薄，韧性强，易剥离，裂果轻。果肉紫红色至暗红色，较硬，肉质细腻多汁，甜酸可口，果皮无涩味。半黏核至离核，鲜食品质极佳。果成熟期早于红灯7天左右，成熟后可挂树长达2周，果不落不软烂，品质不变。树势强健，树体高大，分枝多，枝条稍披散俯垂。嫁接树第三年普遍开花结果，各类果枝均可良好坐果，早果丰产性极佳。是一个值得大力推广的早熟优良品种。

(6) 早红　大果乌克兰品种。果实巨大型，平均单果重13~18克。果实圆形至心脏形，果皮深红色。果肉红色，肉质较硬，耐贮运。肉质细腻多汁，酸甜适口，果皮无涩味。韧性强，不裂果，鲜食品质极佳。果成熟期较红灯早5~7天。树势强健，叶片大，色深绿。树冠高大，树姿开张。进入结果期早，嫁接树定植次年即有部分开花，第三年普遍开花，丰产性好。果实成熟后可挂树晚采。是一个值得大力推广的早熟优良品种。

(7) 佐藤锦　日本品种，亲本为黄玉×那翁。平均单果重7克左右，最大可达13克。果实短心脏形，果皮底色淡黄，阳面着鲜红色，有光泽，极美观。果肉白色，略带鲜黄，果肉厚，肉质硬而韧，耐运输。酸味少，品质优。果实过熟后果皮色变暗，易出现“乌果”，商品性下降。成熟期略晚于红灯。树势旺盛，生长强健，幼树树姿直立，大量结果后树冠较开张，整形修剪时要重视光照条件良好，以使果实充分着色。佐藤锦在日本被认为是品质最优良的甜樱桃品种，另有佐藤锦优系和选拔佐藤锦等变异类型，果实较原品种略有改进，基本性状相同。

（8）大紫　又名大叶子、大红袍、大红樱桃。为一古老品种，原产前苏联克里木，也是我国最早栽培的甜樱桃品种之一。果实阔心脏形至阔卵形，平均单果重7克左右。果皮紫红色、较薄，果肉浅红至红色，软而多汁，味甜。果柄易与果实脱离，成熟时易落果。在山东省烟台露地栽培5月底6月初成熟，大连6月中旬成熟。果实发育期45天左右。目前烟台地区栽培较多。大紫生长旺盛，树冠高大开张，成枝力强。枝条较细，节间长，树体披散不紧凑，树冠内部易光秃。叶片特大，平均纵径可达18厘米，横径达8厘米，故有“大叶子”之称。花期晚，是良好的授粉树，但丰产性较差。

3. 中熟品种

（1）甜樱桃中熟品种的生长发育特点及其适宜的环境条件

甜樱桃的中熟品种果实发育期在45～55天左右，是目前生产上量比较大的类型。中熟品种果实发育期较长，一般年份能充分发育，果个较大。但有些年份果实临近成熟时易遇降雨引起裂果。另外，中熟品种易与温暖地区的晚熟品种和冷凉地区的早熟品种成熟相近，市场竞争激烈。中熟品种对栽培地点无特殊要求，一般能栽培甜樱桃的地区均可适当发展。

（2）甜樱桃中熟品种适栽地区及选择原则　我国广大甜樱桃适栽地区均可栽培中熟品种，实际生产中应着重选择优质品种进行栽培，着眼于提高果品质量。在春季升温快的地区可作早中熟栽培，在春季升温慢的地区则可作中晚熟品种栽培，错开大量上市时间，实现甜樱桃市场的平稳供应。

（3）主要的中熟甜樱桃品种

①沙蜜脱：加拿大品种。果个极大，平均单果重12～13克，最大可达23克，果个大小整齐。果皮紫红色，完熟后紫黑色，长心脏形，光泽度好，美观，商品性极好。果皮韧性较强，无裂果。树势中庸健壮，叶较小，节间短，树体紧凑，枝条上立。缓放后极易发生成串花束状果枝，早果丰产性强。花期晚，应注意配置晚花的授粉品种，如大紫。果实发育期55天左右，较红灯晚熟半月。目前大连地区发展较快，是一个有希望的品种。

②高砂：美国品种。平均单果重8克左右，最大可达10克以上。果实长心脏形，果皮紫红色，外形美丽，耐运输。果肉淡黄白色，离核，未充分成熟时味苦涩。果个大小不很整齐。树势强旺，树体高大，分枝角度小，顶端优势强，中下部和树冠内膛易光秃，生产上应注意拉枝、摘心、刻芽，增加大的分枝。成熟期较红灯晚半月左右。

③佳红：辽宁省大连农业科学研究所育出的品种，亲本为滨库×香蕉。果实宽心脏形，大小整齐，平均单果重10克左右，最大可达15克。果皮底色浅黄，向阳面着鲜红色彩霞和较明晰斑点，外观色彩艳丽，有光泽，极美丽。果肉浅黄白色，质地较脆，肥厚多汁，黏核，鲜食品质极佳，较耐贮运。成熟期比红灯约晚1周左右，为中熟品种中成熟期较早者。树势强健，生长旺盛枝条横生或下垂，树冠开张，萌芽率高，成枝力强，中长果枝比例高。叶片较长，色浓，在枝条上呈下垂生长。进入结果期早，前期产量高，但对栽培条件要求较高，灌水追肥要及时。

④美早：美国品种。果实宽心脏形，顶端稍平，果个大小整齐。平均单果重11.5克，最大15.6克。果皮全面浓红色，充分成熟时紫红色，有光泽，果肉淡黄，肉质脆，肥厚多汁，甜酸适口，品质上等，果柄特别粗短，果实耐贮运。在大连地区6月上旬成熟，略晚于红灯，是个有希望的品种。美早树势强健，树姿

半开张，幼树萌芽力、成枝力均强。幼树以中长果枝结果为主，中长枝缓放后易形成一串短果枝和花束状果枝。结果枝除基部着生几个花芽外，往枝梢方向间隔几个叶芽后又可着生几个花芽，说明其花芽分化持续的时间长。自花结实率低，需配置授粉树。

⑤胜利：原苏联乌克兰品种。果实巨大型，平均单果重13~18克。果实圆形至心脏形，果皮深红至暗红色，过熟后黑红色。果肉红色，质地较硬，耐运输。果肉细腻多汁，酸甜可口，果皮无涩味，韧性强，不裂果。果实成熟期与红灯相近，但成熟后可在树上挂20天以上而果实不软、不烂、不落，品质不变。树势强健，生长快，易早丰产。所有类型果枝均可良好坐果。定植后3年普遍开花结果。是一个值得大力推广的优良品种。

⑥先锋：又名范、凡，加拿大品种。果实大型，平均单果重8克，最大可达10克以上。果实肾脏形或球形，果梗短粗，果皮厚，浓红色，很少裂果，艳丽而有光泽，耐贮运。果肉玫瑰红色，肉质较硬而脆，肥厚多汁，甜而微酸，口感好，风味佳。

成熟期较红灯晚10天左右，为中熟品种中成熟期较早者。树势强健，枝条粗壮，叶片大而厚，深绿色，有光泽。抗逆性强，早果丰产性好，以花束状果枝和短果枝结果为主，连续结果能力强，花粉量大，是一良好的授粉品种。自花不实，需配置授粉树。

⑦那翁：起源不详，为一古老品种，也是我国最早栽培的甜樱桃品种之一，目前仍为山东省烟台和辽宁大连的主栽品种之一，也是优良的加工品种。果个中等大小，平均单果重8克左右，最大可达10克。果实心脏形或长心脏形，果面乳黄色，向阳面着红晕，并散有大小不一的深红色斑点，富有光泽。皮厚且韧，但遇雨易裂果。果肉浅米黄色，肉质脆硬，汁多，甜酸适口，品质上等。树势强健，树姿较直立，枝条粗壮，节间较短，成龄后树势中庸，树冠紧凑。以短果枝和花束状果枝结果为主，

结果部位不易外移，丰产稳产性好。大量结果后对肥水要求较高。成熟期较红灯晚半月左右。

⑧斯坦勒：又名斯坦拉，加拿大育成的第一个自花结实的甜樱桃品种。平均单果重7克左右，最大可达10克以上。果实心脏形，果梗细长。果皮深红色，厚而韧，不易裂果。具光泽，艳丽夺目。果肉淡红色，肉质硬而细密，较耐贮运。果汁中多，酸甜适口，风味较佳。树势强健，树姿开张。早果丰产性好。自花结实力强，花粉量大，是优良的授粉品种。本品种抗寒性稍差。

⑨宾斯：加拿大品种，为加拿大重点推广品种之一，亲本为先锋×斯坦勒，自花结实。平均单果重8克。果实近圆形或卵圆形，紫红色，有光泽，外观美丽。果皮厚而韧，裂果轻。果肉肥厚，脆而较硬，果汁多，风味较佳，品质上等。树势强健，树姿较直立。由于自花结实性好，丰产稳产，并且是优良的授粉品种。

⑩滨库：美国品种，为一古老品种，是北美栽培最多的品种。平均单果重7克左右。果实宽心脏形，果皮浓红至紫红色，果皮厚，果顶平。果肉粉红色，肉质硬脆，致密，果汁多，离核。成熟期较红灯晚10天至半月。树势强健，树冠较大，开张。丰产稳产性好，而且是一个优良的授粉品种。

4. 晚熟品种

(1) 甜樱桃 晚熟品种的生长发育特点及其适宜的环境条件甜樱桃的晚熟品种果实发育期在60天以上，大连地区在6月底以后成熟。晚熟品种果实发育期长，尤其硬核期持续时间长，易受外界环境条件剧变的影响，干旱、水涝极易引起大量落果。果实发育期间易遇降雨或冰雹，造成裂果和砸伤。由于果实发育期长，鸟兽害较重，生产成本高。晚熟品种适于雨季来临较晚、冰雹等自然灾害少、鸟兽危害较轻的地区。若气候较冷凉，则可保证果实充分膨大，生产出优质大果。

(2) 甜樱桃晚熟品种适栽地区及选择原则 晚熟的甜樱桃

品种适宜在辽南等春季气温回升快，气候冷凉的地区发展，以充分发挥其成熟期晚的优势，稳稳占据晚熟甜樱桃市场，实现高效益。由于晚熟甜樱桃品种果实发育期长，易受环境条件影响，因此，在选择品种时要选择抗逆性强、病虫害轻、不裂果、不易落果的类型。

（3）主要的晚熟甜樱桃品种

①雷尼尔：又叫雷尼，美国品种，为美国第二主栽品种，滨库×先锋的后代。果实大型，心脏形，平均单果重8.5克，最大可达12克以上。果实大小整齐。果皮底色黄色，阳面着鲜红色晕，极为艳丽，光照条件好时可达全面红色，树冠内膛不见直射光的果实为浅黄白色，外观及内在品质均差。果肉无色，质地较硬，离核，核小。鲜食品质极佳。果皮韧性好，裂果轻，较耐贮运。树势强健，枝条粗壮，节间较短，树冠紧凑，极易早结果，抗逆性强，连续结果能力强，丰产稳产。花粉量大，为优良授粉品种。生产实际中应注意改善光照条件，使果均能见直射光，结合适当晚采，可生产出全红果，品质及商品性更好。成熟期在6月底以后，为一值得大力推广的优良品种。

②友谊：乌克兰品种。果实大型，平均单果重12克。果实圆形至心脏形，大小整齐一致。果皮深红色，果肉红色，肉质较硬，耐运输。果肉细腻多汁，核小，鲜食品质极佳。果皮韧性强，不裂果。成熟期比红灯晚20~30天，果实成熟后可挂树晚采，挂树时间可达20天以上，果实不软、不烂、不裂、不落，品质不变。是一个值得大力推广的晚熟品种。

③宇宙：乌克兰品种，果实大型，平均单果重10克以上。果实圆形至心脏形，果皮深红色。果肉红色，质地较硬，耐运输。细腻多汁，酸甜可口。果核小，鲜食品质极好。树势强旺，树冠高大，枝条节间长，皮孔明显，突出，褐色。早果丰产性较好。成熟期较红灯晚20天左右，果实成熟后可挂树延采20天以上。

④奇好：乌克兰品种，是目前引进的乌克兰甜樱桃品种中成熟期最晚者之一。果实巨大型，平均单果重12克，最大可达15克以上。果实圆形至心脏形，果皮深红色，果肉红色，肉质较硬，耐运输。细腻多汁，酸甜可口，鲜食品质极佳。成熟期较红灯晚20天以上，果实成熟后可挂树延采近1个月而不落、不裂、不烂，品质不变。

⑤艳阳：加拿大品种，亲本为先锋×斯坦拉。果个特大，平均单果重13.2克，最大可达22.5克。果实圆形，果皮深红色，具光泽。果肉质软多汁，甜度高，品质好，不裂果。树势强健，生长旺盛，抗寒性较强。可以自花结实，但仍需配置授粉树。稳产性较差，有的年份满树花坐果却很少，有待进一步改进栽培管理技术措施，以保证丰产稳产。大连地区7月上、中旬成熟。

⑥南阳：日本品种。平均单果重9克左右，果实椭圆形，缝合线明显。果皮红色，艳丽美观。果肉硬而多汁，甜酸适口，鲜食品质极佳。树势强健，生长发育旺盛，树姿直立。辽宁省大连地区6月下旬至7月上旬成熟。

⑦巨红：辽宁省大连农业科学研究所育成，亲本为那翁×黄玉。果实大而整齐，平均单果重10克左右，最大可达13克以上。果实心脏形，果皮浅黄色，向阳面着红晕，艳丽而美观。果实阳面散布明显斑点。果肉淡黄白色，质地硬而脆，肉厚多汁，甜酸适口，品质上等。果皮薄，易裂果，限制了其大面积栽培。树势强健，生长旺盛，幼树直立生长。萌芽率高，成枝力强。花粉量大，为优良授粉品种。大连地区6月底成熟。

（二）花果管理

1. 疏花芽与疏花蕾

（1）甜樱桃疏花芽与花蕾的意义　传统上一般不对甜樱桃进行疏花疏果，往往因坐果过多而使果实小，肉薄味淡，影响品质。实际上，甜樱桃花量大，败育花多，白白消耗养分，适时疏除一些可显著提高坐果率并有利于果实膨大。但与其他北方落叶果树相比，甜樱桃花后果实发育时间短，果实发育极为迅速，对养分要求来得急。实践证明，采取传统的疏花疏果的方式不能增加单果重，必须提前进行疏花芽和花蕾。

（2）*甜樱桃疏花芽与花蕾的方法*　盛果树才需要进行疏花芽、花蕾，这类树花枝密集，疏除花芽时可选生长势弱、过多、过挤的短果枝，将其花芽全部拔掉，仅保留顶芽，让其继续抽生健壮短果枝，次年结果。疏除时间以花芽膨大时为宜，此时只要用手轻轻碰下花芽，即可将其拔掉。疏花芽枝量以控制在短果枝数量的20%为宜。花期易遇低温危害的地区不宜疏花芽，可改为疏花蕾，以保证坐果。疏花蕾适宜时期以大蕾期进行为宜，将弱枝、过密枝、畸形、较小的晚开花疏除，可以像疏花芽那样将一些弱花枝、过密花枝上的花蕾全部疏除，也可每个花枝均进行疏蕾，每花芽留1～3朵健壮花，但此种方法不适于大面积进行，较费工。若结合采花粉进行疏蕾，则应在花开放50%左右时进行，此时疏除大蕾期的花，可用于采粉，已开的50%可保证坐果，达到丰产。

2. 授粉

（1）*甜樱桃授粉的必要性*　目前生产上栽培的甜樱桃品种，除少数几个外均不能自花结实，必须配备授粉树，异花授粉方可保证坐果。在日光温室中栽培时，由于缺少传粉媒介——昆虫，须人工放蜂辅助授粉或人工授粉。即使露地生产，人工辅助授粉坐果率显著提高，尤其花期遭遇低温、大风、阴雨天气时，人工授粉是保证坐果的惟一良策。

（2）*甜樱桃授粉方法*　由于甜樱桃花多果小，不能像苹果、梨那样人工点授。大面积露地果园，可采取花期放蜂的方法，每公顷需3箱蜜蜂。必须选择种群健壮且飞行、访花能力强的蜜蜂。

人工辅助授粉可采取喷粉的方法。将花粉配成1%的溶液，添加5%蔗糖和0.3%硼砂，于盛花初期至盛花期进行喷雾，以上午10时左右喷为宜，此时柱头黏性最强，有利于黏粉。为提高授粉受精效果，最好采取几个品种混合花粉，比单一品种花粉授粉效果好。同一片甜樱桃园间隔2天，连喷2~3次为宜。

3. 防止裂果及避雨栽培

（1）甜樱桃裂果的原因　甜樱桃裂果主要发生在果实第二次迅速膨大至成熟期间。此期间若久旱遇雨或突然浇灌大水，由于果皮吸收雨水膨压增加，或果皮、果肉吸水膨胀速率不一致，均可造成果皮破裂。甜樱桃裂果与品种关系很大。有些品种果皮韧性差，极易裂果，如巨红；有些品种果皮厚而韧性强，不易裂果，如雷尼尔、抉择、早大果、胜利、友谊、沙蜜脱等。不同果实发育阶段抗裂果能力也不同，红灯裂果易发生在果实转白至着色，完全着色后裂果即变轻。

（2）甜樱桃裂果的预防措施

①选择抗裂果的品种：除前述抗裂果的品种外，其他早中熟品种由于果实成熟前一般未到雨季，故裂果较轻；晚熟的品种成熟期往往雨水较多，造成裂果。

②加强果实发育期的水分管理：开花坐果以后，一定要注意甜樱桃园的水分管理，保持水分稳定，防止土壤忽干忽湿，使土壤含水量保持在田间最大持水量的60%~80%，干旱时要小水勤浇，即多浇“过堂水”，严禁大水漫灌，尤忌干旱时灌大水。

③避雨栽培：采取防雨篷进行避雨栽培。可以参照日本的做法，采取顶篷式、帷帘式、雨伞式和包裹式的雨篷防雨。防雨篷采用塑料薄膜，为可活动的，降雨前将薄膜合拢，保护甜樱桃不受雨淋，雨过后再将薄膜拉开，让植株见光。若配以电动装置、自动机械卷、放膜，则会大幅度提高生产效率，防雨效果会更好。

4. 防鸟害

（1）鸟害特点　甜樱桃是遭受鸟害最重的果树之一。由于其成熟早，果实较小，色泽鲜艳，柔软多汁，很多鸟类喜欢啄食。主要的鸟种类有花喜鹊、灰喜鹊、麻雀等。随着大量植树造林和人们环保意识的增强，这些鸟类的数量近年来有了明显增加，将来危害甜樱桃会更重。鸟类危害时间虽较短，但因其移动性大，不易防治，往往造成较大损失。

（2）鸟害的防治　野生的鸟类受法律保护，不得射猎伤害。因此，鸟害的防治只能是设法驱避。在美国，常采用播放惨叫或其天敌鸣叫的录音磁带来驱避害鸟，或用高频警报装置，干扰鸟的听觉系统。日本在树上悬挂人工制作的猛禽模型，并在旁边放一模仿猛禽鸣叫的太阳能电池录音磁带，日出即可鸣叫，日落后停止，来吓跑害鸟。我国果农常采用在树上挂稻草人的方法惊吓害鸟，或人工敲锣吓走害鸟。但所有的这些方法，均不及在树上罩网防除的效果好，目前日本、中国果农已经采用，在果实临近成熟前，将甜樱桃园用渔网罩住，每公顷成本约1万元左右，而且可以同防雹结合起来。

（三）果实采收

1. 适宜采收期的确定

适时采收，不仅能保证甜樱桃果实品质达到最佳，也能保证取得最好的经济效益。目前，生产上甜樱桃普遍早采，虽然抢占了市场，但由于没能达到充分成熟，品质不佳，在目前甜樱桃产量低、市场供不应求的情况下，尚可取得较好的经济效益。一旦甜樱桃生产迅速发展以后，人们必将注重果实的品质，因此适时采收、适当晚采将是今后甜樱桃应当采取的，科研上应在改进包装贮运技术上进行深入研究，使得充分成熟的果实亦能长距离运输，货架寿命延长。生产实际中，确定采收期的方法有多种。一是可以根据市场需求情况采收，若为远距离运输、异地销售，则应适当早采，在果实八成熟时采收，果肉软的品种更是如此。但早采往往品质较差，无法达到该品种应有的风味品质。晚熟品种若不遇大雨、品种又不易裂果，可适当晚采，以增加效益。二是可以根据贮藏加工的需要安排采收期，作鲜食果品贮藏增值的，宜在八成熟时采；作酿酒、制汁、制酱原料的，要在充分成熟时采收；作为制罐原料的，可在八成熟时适当早采。三是要视品种特性安排采收期，凡是软肉、易裂果品种，宜适当早采，可在八九成熟时采收；凡是果肉较硬、不易裂果的品种可待其充分成熟时采收。四是根据天气情况决定是否采收，若果实已达八九成熟，遇阴雨、大风天时，适当早采。另外，同一株树上不同类型的结果枝由于开花不一致，果实成熟期不同，必须分期采收，同一个园子不同植株间更是如此，不可强求一律。

2. 采收前的准备

（1）*实地估测甜樱桃园果实成熟情况*　通过对甜樱桃园实地观察估测，估出产量，摸清园子果实成熟情况，以此确定劳动力用量、采收顺序，以免到时手忙脚乱，造成采摘不及带来损失，或窝工造成生产效率低下。

（2）*库房准备*　若采后即外运鲜销的，有一遮阴避雨凉棚即可，果实采回后在此进行分级、包装、称重、装车外运。若用于贮藏待销的，则应提前将冷库清扫干净，制冷设备检修、试运行，将库房预冷至贮藏所需温度待用，并要有预冷的分级包装库房。

（3）*采收工具*　工具的充足与否、是否顺手直接关系到采收时的劳动效率，必须予以重视。开采之前不单要备足采收工具，而且要全面仔细检修，保证件件完好无损，用时顺手。主要的采收工具有盛果的小筐或小篮子，可用竹子、树枝条等编成，不宜太大，以能盛5公斤左右樱桃为宜。要有挂钩，以便采果时挂在树枝上；临时装果可用各类塑料标准箱、筐，便于搬运。但不论何种容器，内层必须衬以编织袋、布等材料，以免磨、磕坏果实。还要准备梯子，以便采收树冠高处的果实。

(4) 人员培训　由于甜樱桃果实不同于其他果树果实，采收时要求较高，必须对人员进行采前培训，讲明采收注意事项、采收技术等，以保证采收质量。

3. 采收技术

根据果实用途不同，甜樱桃采收可分为机械采收和人工采收。凡是果实用作制汁、制酱、酿酒用的甜樱桃，可以通过机械采收，因此类果要果实充分成熟时采，果梗已产生离层，故较易采摘。目前一些发达国家已采用。若果实用于制罐或鲜食，则只能采取人工采摘的方法。同其他果树一样，甜樱桃采收的顺序也是由下而上，由外及里，顺序采收。同时，一定要轻拿轻放，采摘时用手捏住果柄向上一掰将果摘下，切忌硬拽，以免将果实与果柄拽开，采下等外果，或将短果枝拽下。甜樱桃的短果枝很脆，极易拽折。另外，由于甜樱桃叶大叶密，果实又小，故许多果实盖在叶丛中不易被发现，采收时一定要仔细，采完一枝再采另一枝，可将枝轻轻拉起，从下方看，比较容易看清果实。降雨、有雾、果面潮湿时不宜采收。

4. 精包装，提高甜樱桃商品性

科学分级包装既利于贮运销售，也利于实现采后增值，实现效益最大化。目前我国甜樱桃尚无统一的果实分级标准。山东省烟台果树工作站 1996 年根据烟台市甜樱桃生产的实际水平和今后发展的需要，拟定了一个鲜食甜樱桃分级标准，可以参照执行。该标准将甜樱桃分为 4 个等级：单果重大于 10.0 克的为超特等果，8.0 ~ 9.9 克的为特等果，6.0 ~ 7.9 克的为一等果，4.0 ~ 5.9 克的为二等果。深色品种要求具有该品种的典型色泽，全面着色；浅色品种如黄、橙、粉等品种着色面达果面 2/3 以上。果面鲜艳光洁，无擦伤、果锈、污斑、日烧等。具有完整新鲜的果柄，不脱落。

在北方水果中，甜樱桃属于高档果品，精包装有利于销售，提高其商品性。同时由于甜樱桃果实小而柔软，不耐挤压，因此不宜采用大包装。甜樱桃一旦投放市场，要求尽快售出，货架寿命显著短于其他树种，小包装更显其销售时的优势。目前，较适宜的小包装规格为1～5公斤/件不等，以1～2.5公斤/件的最易为消费者接受。国际市场小包装为300克/件。

包装材料可采用普通纸箱、瓦楞纸箱或其他材料的箱子，均要求最好有1～2个侧面为透明材料，要带可提拎的提手，便于消费者携带。为增加其销售时的市场竞争力，箱体表面最好印有与所装品种一致的彩色照片，使消费者可以一目了然看到品种外观特征，再配以文字简介，极易调动消费者的购买欲。

果实若要外运，还要进行外包装，几个小箱为一体，外用方格木箱、木板箱等各种外包装材料加以包装固定，以利搬运，防挤防压。采收时若气温过高，应将果先置冷凉库房预冷后再进行包装，严禁将热烘烘的果直接装入包装箱，否则极易引起软烂，严重影响果品质量。预冷温度最好在10℃以下。

八、桃、李、杏、樱桃采后病害

果品采后贮藏运销期间因生理失调或受病原物浸染发生病害，病害是采后果品败坏变质的重要因素。根据致病因素及性质，可分为生理性病害和侵染性病害。

（一）生理性病害

生理性病害的病因是非生物因素，即产品在采前或采后受到某种不适宜的理化环境因素的影响而造成的生理障碍或伤害，如日烧病、冷害、冻害、低氧伤害、二氧化碳伤害、机械伤害、氨中毒、药害、缺素症等。这类病害一般不传染，但它能为侵染性病害造成传播条件。

1. 田间逆境造成的生理病害

日照、温度、湿度、水分、土壤条件、营养元素、耕作方法、病虫防治等任一条件失调都会成为引起生理病变的逆境。若这些逆境发生在产品临近采收时，产品内部组织受影响，采后经潜伏发展，病痕表现逐渐明显。这属于田间致病，病痕在采收之后出现。常见的有日灼、营养缺素症等。

2. 采后逆境造成的生理病害

产品采收以后，在运输、处理、贮藏、销售过程中所造成的伤害有：

（1）机械伤害　新鲜果品收获后，在贮藏、运输、销售过程中，由于振动、摩擦、碰撞等机械刺激，造成伤害。这种伤害能促进乙烯形成，提高呼吸强度，诱发异常代谢。发生机械伤害后，多酚氧化酶活力增强，组织易发生褐变。另外，机械伤害很容易成为微生物侵入的窗口，导致侵染性病害。

(2) 冷害　冷害是冰点以上较低温度对产品所引起的一种采后生理病害。一般原产于热带、亚热带地区的果品易发生冷害。冷害还可削弱产品的抗病性，导致病原菌侵入，加重腐烂损失。关于冷害症状、冷害机制、影响冷害的因素，冷害的控制见第二章第四节。

(3) 冻害　产品处于冰点以下，因组织冻结而引起的一种采后生理病害。冻结对果品的伤害主要是细胞原生质脱水和冰晶对细胞的机械损伤。

(4) 高温障害　果品在30℃以上高温下经一定时间后，形成乙烯或对乙烯的反应能力都显著下降，从而使果实不能进行正常的后熟，这种生理病害叫高温障害。出现高温障害以后，即便是再用乙烯处理，果实也不能后熟。为避免高温障害的产生，在用乙烯处理前加温速度每小时不要超过1~1.5℃。

(5) 低氧伤害　果品在贮运过程中因环境空气中氧含量过低而导致呼吸失常及无氧呼吸造成的采后生理病害，又称缺氧障碍。无氧呼吸不能使呼吸底物彻底氧化成二氧化碳，有可能生成乙醛、乙醇及另外一些氧化不完全的中间产物，这些物质在细胞中积累，会造成果实中毒，出现病变。低氧伤害的症状主要有表皮组织局部塌陷、褐变、软化，不能正常成熟，产生酒味或异味。氧浓度同无氧呼吸之间的关系可以用无氧呼吸消失点表示，即空气中氧浓度达到或低于这个点则出现无氧呼吸。一般植物无氧呼吸消失点的浓度在1%~10%之间。为防止低氧伤害，果品贮藏环境中氧浓度一般不宜低于2%。

(6) 二氧化碳伤害　果品贮运过程中因环境空气中的二氧化碳浓度过高引起的生理病害，又称二氧化碳中毒。多发生在气调贮藏（CA）或限气贮藏（MA）中。二氧化碳伤害的症状是果品组织出现褐斑、褐变或坏死。不同果品对二氧化碳浓度反应不一，防治方法是降低贮藏环境中二氧化碳浓度或提高氧浓度。

对产品的伤害，氧和二氧化碳常有联应关系，即升高二氧化碳浓度会加重低氧伤害，升高氧浓度可缓解高二氧化碳伤害。一般高二氧化碳伤害比低氧伤害更为严重。

(7) 氨伤害　由于冷库中氨气泄漏，氨与果品接触引起产品色变或中毒叫氨伤害。氨伤害表现出色变、水肿、凹陷斑等症状。

(8) 光伤害　贮藏期间光对贮藏品的长期照射所引起的生理病害叫光伤害，如马铃薯贮期长期受光照射颜色变绿等。因此，果品在黑暗下贮藏。

（二）侵染性病害

1. 侵染性病害的特点

侵染性病害是指果品采后受病原物侵染而显现的病害，是果品在贮藏运销中腐败变质的重要原因之一。侵染性病害的病原物主要是真菌、细菌、病毒和原生动物，尤以真菌最为常见。很多果品在田间就已受到侵染，直到采后贮、运、销过程中才出现病痕，并进一步扩展。另外也有在采后才受到侵染的。真菌传播主要靠分生孢子，并可反复传染。

侵染和发病的一般过程。侵染性病害在病原菌、寄主、环境条件三个方面都具备的条件才能发生，如果某一方面不具备或受到限制，都不会发生侵染性病害。病菌侵染的第一步是繁殖体或营养体（孢子或菌丝）与寄主接触，称传播。第二步是病菌穿越寄主表面进入皮下组织，称侵入。第三步是病菌继续向寄主内部组织蔓延，称潜育。这时寄主表面尚不出现病痕，有的病菌完成侵入过程后暂时休止不活动，称潜伏浸染。第四步是寄主表面也现特征性的症状，称为病痕。病原菌的侵染和发病一般都要经过上述四个步骤。

病原菌传播的媒介有水、空气、人体、工具、产品间相互接触等。

病原菌的致病机理是内部组织受病菌分泌的毒素和分解酶的作用导致细胞被消解破坏，组织软化、溃烂，最后出现该病特有的病痕。

侵染性病害的症状，初期多为水浸状斑点，逐渐凹陷或隆起呈现褐斑或黑斑，其上长出大小、厚薄、稀密不等的菌丝层，发育后期长出颜色各异的孢子，组织腐烂或水烂，有的保持坚硬、干燥，还可发生特异的气味。

2. 产品对侵染的抗御

果实表面保护组织包括角质层、木栓层、蜡质层，是各种植物或其器官具备的天然形态学屏障，对病菌起机械阻隔作用。果品组织受伤后会引起细胞内酚类物质氧化，酚对微生物有毒性，酚氧化成醌，毒性更强。许多植物还含有某些对微生物有毒害的特殊物质，如十字花科蔬菜的芥子苷类物质，大蒜的蒜泊，洋葱的洋葱油，青熟番茄的番茄苷等。另外，植物受病菌侵染刺激所产生的植保素也是一种化学屏障，几乎所有高等植物都能因病菌刺激诱导成植保素，植保素大都是酚类衍生物，正常细胞中不存在或含量极微，细胞受侵染感应后则大量合成，对病菌有高度毒性。

3. 侵染性病害的控制

预防和控制采后侵染性病害的原则性措施有：（1）注意田间卫生和防病，对贮运场所、工具、用水进行灭菌消毒，从根本上减少或杜绝侵染源。（2）调节控制果品成熟生理过程，尽量推迟进入完熟衰老阶段，是控制采后病害的根本措施。（3）控制各种贮、运、销环境条件，避免出现逆境，防止削弱产品原有的抗性。（4）力求减少各种伤害。（5）应用适宜的理化防腐措施。

（三）果蔬贮运病害的症状

果蔬贮运病害的种类虽不及果实病害多，但其症状表现却多于果实病害，鉴别的难度也较大。现将果蔬贮运病害症状主要类型描述如下：

1. 腐烂型（亦称败腐型）

此类病害多属侵染性病害所致，根据病部组织腐烂的状况又可分为以下几种类型：

（1）软腐型　受害果实的病部不以皮孔为中心向外扩展，而以伤口为中心向外扩展。病斑初为淡褐色，受害组织解体，呈多汁软腐，并在腐烂部位长出灰绿色的酶状物，如苹果、梨、山楂、桃、李、柑橘、葡萄等的青、绿霉病。

（2）腐烂丰满型　受害果面先生褐色小斑点，斑点扩大，但病部既不下陷，也不变软。整个果实变褐腐败，但仍保持丰满状态，并有一定的弹性。在温度较高的环境下，病部长出绒球状白色菌落，呈同心轮纹状排列，如苹果、梨、桃、山楂、李等的褐腐病。

（3）软腐凹陷型　果实表面出生褐色小斑点，斑点扩大后，形成凹形大斑块，组织解体，软腐，呈漏斗状向果心发展，病腐组织有苦味。在病斑中心产生黑色小点粒 ，呈同心轮纹状排列，遇水产生淡褐色的黏状物溢出，此为分生孢子角。如苹果、梨、芒果、柑橘、香蕉等炭疽病。

（4）轮纹腐败型　受害果实表面以皮孔为中心产生淡褐色小斑点，病斑扩大，因颜色不同，呈轮纹状，有时只有褐色，病斑呈圆形向外扩大，组织解体，软腐，如苹果、芒果、梨的轮纹病、干腐病等。

2. 斑点型

此类病害在果实表皮形成褐色、黑褐色斑点，多呈圆形或近圆形，病斑深入到果皮下浅层果肉或仅限于果表。根据危害状况及果实的种类和品种不同，又分以下六种：

（1）病斑圆形或不规则形凹陷　被害部从果皮深入果肉，并在皮下形成空洞，此为苹果苦痘病。

（2）病斑圆形或近圆形　边缘形成红色的晕环，病部稍有凹陷，深入果肉部位呈蜂窝状，此为苹果痘斑病。

（3）病斑呈圆形　很少凹陷，病斑只限于表皮，果肉并不受害，此为红玉斑点病。

3. 果皮褐变型

果蔬在贮运过程中，由于贮运环境条件不适，或果实自身产生有害物质（如α-法尼烯）刺激，造成果皮部分或大部分变褐或变黑，这类病害因受害果蔬种类表现症状不同，又分为：

（1）虎皮型　苹果贮藏中后期，在果实表面产生淡褐色云雾状的不规则斑块，病斑不断扩大，皮孔凸起，病部稍有凹陷，并呈褐色布满果面，但不深入果肉，此为苹果虎皮病。

（2）水肿型　柑橘在贮藏过程中，因不适宜的低温，使果皮色变淡，油泡凸起，果皮肿胀近半透明状，此为柑橘水肿病。

（3）气体伤害型　苹果、山楂、桃、杏、李等，在气调贮藏中，由于过低的氧气和过高的二氧化碳，使果皮产生褐色或黑褐色大型不规则的斑。有时布满整个果面，闻起有浓郁的酒精味，此为氧气及二氧化碳伤害。

4. 霉心型（心腐型）

苹果在贮运和销售过程中，首先果实的心室内产生粉红色或青绿色或灰色霉状物，继而由心室不断向外扩展，造成果肉褐变，溃烂，直至整个果实软腐。

5. 果肉褐变型

受害果实的果肉变褐，或局部变褐变黑，或整个果心变褐变黑，其他果肉正常，病情发展到果皮出现水浸状或浅绿色、淡褐色的半透明状。

6. 果皮开裂型

果皮贮藏过程中，因采前和采后环境因子不适宜，致使果实代谢失调，造成果皮开裂。

（四）果蔬贮运病害发生和危害与寄主及环境条件的相关性

如同果蔬生长期病害一样，任何果蔬贮运期病害的发生和危害，都与寄主及环境条件密切相关，三者之间相互影响，相互制约，如果只有适宜的环境条件，而无寄主的感病性或无病原菌的致病性，亦不会造成病害的发生和危害。那么，造成果蔬贮运病害发生和危害的主要原因，归纳起来主要有以下二大方面：

1. 环境因素的影响

影响果蔬主要病害发生和危害的环境因子，主要取决于二个大方面：一是采后环境条件；二是采前因子。

（1）*采后环境条件是影响果蔬贮运病害发生和危害的主要原因* 采后环境条件实际上就是采后贮运过程中的环境因子。这种环境因子，与采前病害发生和危害的环境因子所不同的是由自然界的大环境转移到人为控制的小环境中来，人为控制的小环境主要有以下三点：

①温度：温度不仅是影响果蔬贮运的基本条件，也是果蔬贮运病害发生和危害的主要条件之一。在一定的温度范围内，果蔬贮运病害将会大量发生和危害，在另外一定温度范围内，这类病害将会受到一定的抑制，或者完全被控制。果蔬贮运中一些侵染性病害，发生和危害最适宜的温度为 20 ~ 30℃，当温度高达 40℃时，这类病害虽不能完全被杀死，但其危害受到抑制，而温度降至 10℃以下时，这类病害危害又受到控制。例如，苹果霉心病的病原菌当温度降至 9℃时，菌丝停止生长，病斑不向果肉扩展。苹果炭疽病、轮纹病、干腐病等病害的病斑，在 5℃时，

不再扩大。但是，还有一类病害，适应低温的能力很强，在0～1℃温度下，病原菌的分子孢子还能萌发，菌丝还能生长，仍能继续危害，但危害的速度不及常温和亚常温快。果蔬贮藏中一些生理病害的发生和危害，受贮藏环境中温度的影响也很大，当苹果长期贮藏在10～20℃温度下，一些生理病害如 虎皮病、苦痘病、痘斑病、水心病等均会提前（1～2 个月）大量发生。而入贮时，过低的贮藏温度（0℃）又是造成鸭梨黑心病发生的主要原因之一。苹果长期贮藏在较低温度（0～1℃）条件下，突然转到高温（20～25℃）下，短期内（1～2 天）也会迅速发生果肉和果皮褐变。金冠苹果长期贮藏在0～1℃下，也会引起冷害型软虎皮病危害。甜橙贮藏在0～2℃时，也会发生水肿病。

有些水果采后在常温下，便会遭到许多病害的危害，例如：荔枝、龙眼采后正遇较高的温度，24 小时后就会发生果皮褐变。草莓采后常温下1～2 天，因灰霉病和青霉病的危害，便会造成大量腐烂。葡萄采后如遇较高的温度（20～30℃），便会遭到根霉、毛霉等病害的危害，也会造成果梗、穗梗大量腐烂和脱粒。

②湿度：湿度与果蔬贮运病害的发生与危害有密切关系，尤其是侵染性病害的发生和危害关系更大。

通常情况下，在0℃以上的贮藏温度，将会给侵染性病害的危害创造一个十分有利的条件。同样温度下，湿度愈高，病害愈严重。有的生理病害，如苹果贮藏后期的开裂，都是湿度过高引起的，如果相对湿度 低于80%，这种病害就不会发生。但是也有一些生理病害，与贮藏环境中的湿度高低影响不大，如柑橘的枯水病、褐斑病，苹果的苦痘病、红玉斑点病，鸭梨的黑心病、黑皮病，香蕉的黑皮病等。

③贮藏病害与环境中的气体成分密切相关：贮藏环境中气体成分主要指氧（氧气）和二氧化碳（二氧化碳）。通常情况下，大气中的氧气接近21%，氮气为78.9%，二氧化碳为0.03%。在气调贮藏中，往往要使氧气下降5～10 倍，二氧化碳浓度则要

升高上百倍到几百倍，氧气浓度的下降和二氧化碳浓度的升高对果蔬贮运病害的发生和危害影响甚大。

一般来说，低氧气和高二氧化碳的贮藏环境对果蔬贮运中的侵染性病害均有一定的抑制作用。国外有关资料曾报道：在0℃温度下，2% ~30%二氧化碳，可完全抑制青霉菌（Penicillium）的生长；在25℃温度下，当氧气浓度稳定在10%，二氧化碳升高到10%，青霉菌分生孢子萌发比在大气中晚30小时，当二氧化碳升高到15%时，晚38小时；当二氧化碳升高到30%，其分生孢子晚2天。英国著名果蔬贮藏专家Tomkin指出：金冠苹果在3% ~6%二氧化碳环境中贮藏，腐烂率为3%；而在大气贮藏中，腐烂率达26%；国外还有人做过这样的比较，应用5%的二氧化碳和2.5%的氧气气调苹果其炭疽病的危害率降低6% ~16%；应用5%的二氧化碳和3%的氧气贮藏苹果，比在大气中贮藏降低腐烂率20% ~23%。近十年来，我国一些果蔬贮藏专家对这些方面也进行过深入研究。笔者曾在“七五”期间进行过苹果贮藏病害与贮藏环境中的温度、氧气和二氧化碳相关性的研究，从中获得：当温度在5℃，氧气为2% ~3%，二氧化碳达到10%时，对苹果的青霉菌（Pcnicillium expansum）、霉心病菌（Trichothecium roseum）、炭疽病菌（Glomerella cingulata）、轮纹病菌（Physalospora piricola）、干腐菌（Botryosphaeria ribis）的分生孢子萌发和菌丝生殖起抑制作用。对果实上已发生的病斑，也被抑制其扩展。

当贮藏温度为10℃、氧气为2% ~3%、二氧化碳为10%，青霉菌的分生孢子仍能萌发，菌丝照样生长，病斑亦可扩展，完全没有抑制作用。其他四种病原菌仍受到抑制，病斑亦不扩展。

当贮藏温度提高到15℃，即使给予50%二氧化碳，亦不能抑制霉菌；但15%二氧化碳可抑制霉心病 菌、炭疽病菌；对于轮纹病菌和干腐病菌，则需要20%二氧化碳才能抑制。

贮藏环境中的氧气及二氧化碳浓度，对果蔬贮藏中的生理病害影响亦十分密切。在气调贮藏中，合适的气体成分（氧气3%～5%，二氧化碳3%～8%），可以完全控制苹果红玉斑点病的危害；一般来说，气调（CA）和变动气调（DTCA）中，对苹果虎皮病均有较好的抑制作用，尤其采后立即进行气调，抑制效果更好。调节好氧气及二氧化碳浓度，可降低褐斑病对甜橙的危害。甜橙在贮藏中，只要二氧化碳不超过5%，氧气达到5%～8%，就可将褐斑病的发病率降至5%以下。但是，过高的二氧化碳和过低的氧气均会引起一些生理病害的发生。水果因种类和品种的不同，对低氧气和高二氧化碳浓度适应性也有很大的差异。

桃短时间可忍耐高二氧化碳（20%～40%），但长期贮藏只能忍耐5%以下的二氧化碳。山楂贮藏只能忍耐3%以下的二氧化碳，否则会引起果肉褐变。香蕉在贮运过程中二氧化碳的极值为16%，超过这个极值，就会产生果皮褐变。荔枝在贮藏过程中的二氧化碳极值极值为15%。

（2）采前因子的影响　果蔬贮运病害的发生和危害，不仅受采后贮运过程中各种因子的影响，同时也受采前诸多因素的影响，其中影响较大的有以下几方面：

①气候因子的影响，其中以降雨时间和降雨量的影响较大：落花后3～6周多雨，将会造成苹果干腐病、轮纹病和炭疽病等大量侵染和危害，这些病害的病原菌侵入果实后，有的在田间生长期表现症状，有的长期潜伏，待果实采后贮运期大量发病危害。

果实采收前后的气温过高，尤其是采后处于较高的温度，此时果实不能及时入贮，其病害发生和危害愈加严重。对于侵染性病害来说，这种高温，就创造了一个合适的诱发条件；对生理病害而言，一是为一些生理病害提供后期发病的孕育期（如苹果虎皮病），二是为一些生理病害创造一个快速表现症状的环境条件（如荔枝的果皮褐变）。但果实采收时温度过低，也是造成某些生理病害发生的主要原因，如冬蕉采收前后1周时间内，气温低于12℃，采后贮运中，则会发生黑皮病。

②果实生长期病害防治效果如何，也是果蔬贮藏期发生和危害轻重的重要条件：果实生长期病害防治的及时，许多侵染性病害侵入的机率少，自然潜伏侵染机率甚少，贮运期发病率更少；反之将会大量发生。许多缺素引起的生理病害，由于缺少生长期的防治，造成贮运期，特别是贮藏中后期大量发病。近几年来，由于一些果产区放松了采前果实病害的防治，是造成贮藏果蔬大量受害的主要原因之一。

③施肥措施与病害发生也有一定关系：施氮肥过多，是造成苹果虎皮病和鸭梨黑心病发生的先决条件。土壤中缺钙或树体缺钙是造成苹果、梨、葡萄等树体及果实上发生一些生理病害的惟一致病机理。

2. 寄主与贮运病害发生与危害的相互关系

寄主抗病与否，是贮运病害发生和危害的一个重要方面。果蔬的质量以及本身的生物学特征，都与果蔬的自身抗病性有关，主要表现在以下几个方面：

(1) 品种不同，其抗病性差异甚大　例如苹果中的国光、元帅比金冠抗干腐病和轮纹病，而元帅的霉心病比金冠发病率高的多；柑橘中的“蕉柑”、“蜜柑”患水肿病和褐斑病比甜橙类要轻，而甜橙类感染褐色蒂病腐病比红橘要轻。

(2) 同一品种之间感病性也有一定的差异　以苹果虎皮病为例，着色好的比着色差的发病较轻，内膛果又比外膛果发病重，成熟差的比适时采收的果实发病重，平地果比山地果发病重等。

(3) 与果实的结构有关　果皮较薄，蜡质层不厚则易发病，如金冠苹果和红橘较易感染轮纹病和青、绿霉病。与果实的萼片及其开放角度有关，如元帅系、北斗、富士系苹果品种，其萼片开张角度比国光、金冠大，就易感染霉心病。

与果实自身代谢产物的积累和危害程度有关。如苹果水心病的发生，元帅、赤阳、印度等品种因果实发育后期山李糖积累过多而引起；苹果虎皮病及梨的黑皮病与贮藏后期果实自身产生α-法尼烯及其前期产物共锷三烯的多少有直接关系。

（4）与果实受到机械伤害有关　果实受伤的种类有磕、压、碰、刺伤和病虫伤害等。果实受伤后，不仅呼吸强度增高，乙烯生成量也增高，从而加快果实衰老，降低抗病性，而且更重要的是伤口又为病原菌的侵入打开了方便之门，许多侵染性病害的病原菌种类都是靠伤口侵入的，如青霉菌类（Penicillium）、褐霉菌类（Moniria）、黑霉菌类（Altnaria）等，趁机侵入而造成大量腐烂。

（五）果蔬贮运病害的防治

防治果蔬贮运病害的危害，除重视产前采用必要的农业技术措施外，重要的是贮运中的每个关键时期。采用贮运前的商品化处理，贮运中的保鲜技术和防病（防腐）技术相结合的综合措施，才能达到预期效果。

1. 适时无伤采收

采后及时进行商品化处理（严格挑选、分级、防腐、保鲜处理等），快速预冷，使其进入适宜的贮运环境。

2. 选择适宜的贮运场所，及时入贮

应用先进保鲜技术，如冷藏技术、气调保鲜技术（CA、MA、DTCA等），是控制一些侵染性病害大量发生和危害的重要措施，也是延缓一些生理病害发生和危害的基本方法。

3. 化学防治技术

目前，化学防治的药剂种类甚多，但用于果蔬贮运病害防治中的药剂一般应列入食品添加剂，或国家允许使用的药剂，并按允许的使用方法和剂量使用。用于防治侵染性病害的药物（防腐）称为防腐剂；用于防治生理病害的一般称为保鲜剂。

生理病害防治常用的化学药物有抗氧化剂，如乙氧基喹啉、二苯胺、BHA、BHT、卵磷脂、抗坏血酸等；植物激素，如2，4-D，2，4，5-T，GA_3，6-卡基漂琳、吲哚乙酸、青鲜素等；钙制剂以及护色剂等。

4. 物理防治方法

目前用于防治果蔬病害的有三方面：（1）空气放电技术。应用空气放电，释放出臭氧或臭氧+负离子，进行防腐保鲜。（2）应用放射性同位素（^{60}Co）处理，使用剂量一般为5 000～20 000伦琴。（3）高温、高湿处理。目前使用的方法有二种：一是用45℃温水浸果5分钟；二是用高温（40℃）、高湿（95%）处理2小时，用来防治甜橙褐斑病。

5. 生物技术

（1）生物防治　应用一些抗生菌来防治一些侵染性病害的危害。

（2）生物工程　国外一些国家开始研究导入某些基因，提高其果蔬抗病能力。

（六）桃、李、杏、樱桃贮运病害

1. 桃黑霉病

黑霉病是在采收以后发生于运输、贮藏和销售期间的严重病害。此病传染力很强，一箱桃果，如有一个发生病害，1～2日后，邻近的果实也可发病。桃和其他果实类、蔬菜类均可受害。

（1）症状　果实最初出现茶褐色小斑点，然后迅速扩大，2～3日后，果实全面发生绢丝状、有光泽的长条形霉。接着产生黑色孢子，因而外观似黑霉。

（2）病原　本病的病原菌为黑根霉菌（Rhizopus nigricans Ehrenberg），属接合菌亚门，接合菌纲，毛霉菌目。病菌形成孢囊孢子和接合孢子。孢囊孢子萌发后形成没有隔膜的菌丝。菌丝体匍匐状，以假根着生于寄主体内，菌丝从此部位伸长形成孢囊梗，顶端长出孢囊。孢囊黑褐色，内含孢囊孢子。孢子球形、椭圆形或卵形，带褐色，表面有纵向条纹，这是无性阶段，病菌以此来繁殖。

接合孢子由正菌丝和负菌丝接合产生，呈球形，黑褐色，不透明，表面密生乳状突起。接合孢子萌发，形成孢囊。这种孢子萌发转为无性阶段繁殖。正菌丝和负菌丝则进行有性阶段繁殖。

(3) 侵染途径　病菌通过伤口侵入成熟果实。孢囊孢子借气流传播，病果与好果接触，也能传染此病，而且传染性很强。高温、高湿特别有利于病害发展。

(4) 发病条件

①果皮擦伤或磨破是最重要的诱因：病菌没有伤口不能侵染。其次是湿度，高湿使病害迅速发展。

②温度：果实在0℃时不烂果，5℃时只能缓慢致烂，39℃时病害大多被抑制，但不如对褐腐病抑制效果高。

(5) 防治方法　应采取综合防治措施。

①小心采收，轻剪轻放，尽量减少伤口。

②采收后迅速预冷，24小时内使果温降低到0℃，并保持0℃贮藏。

③最好能在采前喷一次药及0.5%氧化钙。

④于预冷后加桃保鲜剂（CT1 + 红药 + 白药），用桃保鲜袋扎口包装，0℃贮藏。

⑤用900毫克/公斤氯硝胺浸果或喷洒。

⑥单果包装可控制接触传病。若能再结合低温贮运，效果更好。

2. 桃褐腐病

桃褐腐病又名菌核病，是桃树的重要病害之一。全国各桃产区均有发生。尤以浙江、山东沿海地区和江淮流域的桃区发生严重。病害发生状况与虫害关系密切。果实生长后期，果园虫害严重，且多雨潮湿，褐腐病常流行成灾，引起大量烂果、落果。受害果实不仅在果园中相互传染危害，而且在贮运中亦可继续传染发病，造成很大损失。桃褐腐病菌除危害桃外，还能侵害李、杏、樱桃等核果类果树。

（1）症状　桃褐腐病能危害桃树的花叶、枝梢及果实，其中以果实受害最重。自幼果至成熟期均可受害，但以果实越接近成熟受害越重。果实被害最初在果面产生褐色圆形病斑如环境适宜，病斑在数日内便可扩及全果，果肉也随之变褐软腐。继后在病斑表面生出灰褐色绒状霉丛，即病菌的分生孢子层。孢子层常成同心轮纹状排列，病果腐烂后易脱落，但不少失水后变成僵果，悬挂枝上经久不落。僵果为一个大的假菌核，是褐腐病菌越冬的重要场所。

（2）病原　Monilinia frucicold（Wint.）Rehm. 为链核盘菌，属于子囊菌亚门。无性阶段为丛梗孢菌 Monilia，病部长出的霉丛，即病菌的分生孢子梗和分生孢子。分生孢子无色，单胞，柠檬形或卵圆形，在梗端连续成串生长。分生孢子梗较短，分枝或不分枝。

（3）侵染途径　病菌主要以菌丝体或菌核在僵果或枝梢的溃疡部越冬。悬挂在树上或落于地面的僵果，翌年春季都能产生大量的分生孢子，借风、雨、昆虫传播，引起初次侵染。分生孢子萌发产生芽管，经虫伤、机械伤口、皮孔侵入果实，也可直接从柱头、蜜腺侵入花器造成花腐，再蔓延到新梢。在适宜的环境条件下，病果表面长出大量的分生孢子，引起再次侵染。病菌分生孢子除借风雨传播外，桃食心虫、桃蛀螟和桃象虫等昆虫也是病害的重要传播者。在贮藏期病果与健果接触，也可引起健果发病。

（4）发病条件　桃树开花期及幼果期如遇低温多雨，果实成熟期若逢温暖、多云多雾、高湿度的环境条件，发病严重。前期低温潮湿容易引起花腐；后期温暖多雨、多雾则易引起果腐。桃蟒象和食心虫等危害的伤口常给病菌造成侵入的机会。树势衰弱，管理不善，地势低洼或枝叶过于茂密，通风透光较差的果园，发病都较重。果实贮运中如遇高温高湿，则有利病害发展，导致损失更重。品种间抗病性，一般凡成熟后质地柔嫩，汁多，味甜，皮薄的品种比较容易感病；果皮角质层厚，果实成熟后组织保持坚硬状态者抗病力较强。

(5) *防治方法*

①消灭越冬菌源。结合修剪做好清园工作，彻底清除僵果、病枝，集中烧毁，同时进行深翻，将地面病残体深埋地下。

②及时防治害虫。如桃象虫、桃食心虫、桃蛀螟、桃蟒象等，应及时喷药防治，可减少伤口及传病机会，减轻病害发生。有条件套袋的果园，可在 5 月上、中旬进行，以保护果实。

③喷药保护。桃树发芽前喷布 5 度波美石硫合剂或 45% 晶体石硫合剂 30 倍液。落花后 10 天左右喷射 65% 代森锰锌可湿性粉剂 500 倍液，50% 多菌灵 1 000 倍液，或 70% 甲基托布津 800 ~ 1 000 倍液。花腐发生多的地区，在初花期（花开约 20% 时）需要加喷一次，这次喷用药剂以代森锰锌或托布津为宜。不套袋的果实，在第二次喷药后，间隔 10 ~ 15 天再喷 1 ~ 2 次，直至果实成熟前一个月左右再喷一次药。50% 扑海因可湿性粉剂 1 000 ~ 2 000 倍液，防治桃褐腐病效果也很好。

④采后迅速预冷。并保持贮藏温度 0℃。采后迅速预冷。装入桃保鲜袋内，加桃保鲜剂放在 0℃冷库贮藏，可有效控制该病危害。

⑤采后用 50% 扑海因 1 000 ~ 2 000 倍液浸果。

3. 桃炭疽病

桃炭疽病是桃树果实上的重要病害之一，在我国桃区分布较广，尤以江淮流域桃区发生较重。该病主要危害果实，流行年份造成严重落果，是桃树生产上威胁较大的一种病害。特别是幼果期多雨潮湿的年份，损失更为突出。本病仅危害桃。

（1）症状　炭疽病主要危害果实，也能侵害叶片的新梢。果实近成熟期发病，果面症状除与前述相同外，其特点是果面病斑显著凹陷，呈明显的同心环状皱缩，并常愈合成不规则大斑，最后果实软腐，多数脱落。

（2）病原　病原菌无性世代为盘长孢状刺盘孢 Colletotrichum gloeosporioids Penz.，异名 Gloeosporium laeticolor Berk.。属半知菌亚门。病部所见橘红色小粒点为病菌分生孢子盘。分生孢子梗无色，单胞，线状，集生于分生孢子盘内。有性世代为桃炭疽菌 Glomerella persicae Hara，属子囊菌亚门。病菌发育最适温度为24～26℃，最低4℃，最高33℃。分生孢子萌发最适温度为26℃，最低9℃，最高34℃。

（3）侵染途径　病菌主要以菌丝体在病梢组织内越冬，也可在树上僵果中越冬。第二年越冬病枝在开花期间产生分生孢子，孢子随雨滴落到幼果和嫩叶上，侵害新梢和幼果，引起初次侵染。该病危害时间较长，在桃的整个生长期间都可侵染危害。浙江省一般在4月下旬，幼果开始发病，分生孢子萌发后形成的芽管直接穿透寄主表皮的角质层而入侵，在叶片上则通常自其背面侵染。入侵后的菌丝并不深入寄主组织和细胞内部，仅在寄主角质层与表皮细胞的间隙进行扩展、定殖并形成束状或垫状菌丝体，然后从其上长出分生孢子梗并突破寄主角质层裸露在外。

病害的潜育期很长，这是其主要特点之一。病菌侵染果实的潜育期为40～70天，而在枝梢和叶片上也达25～45天。这样，果实的发病在6月开始，由其产生的分生孢子进行再侵染就较次要了。只有很晚熟的品种才可见到再侵染。新梢再侵染在病菌越冬和翌年提供初侵染菌源方面有重要作用。

（4）发病条件　病害的发生流行与春季及夏初的雨水和湿度关系密切，也与地势、品种有关。凡是多雨潮湿年份或地区，病害即发生较重。同样，地势低湿或定植过密，枝叶茂盛而较郁闭的果园也易发病。品种方面一般以晚熟品种较感病。黄肉桃、上海水蜜桃较易感病，而天津水蜜桃、肥城桃却较抗病。油桃因果实表面无毛，病菌孢子易侵入而发病较重。

(5) 防治方法

①清除初侵染源。结合冬剪，去除病枝、僵果、残桩，烧毁或深埋。生长期也可剪除病枝、枯枝，摘除病果，减少再侵染。

②药剂防治。药剂防治切实有效。开花前，喷波美5度石硫合剂+0.3%五氯酚钠或45%晶体石硫合剂30倍液，铲除在枝梢上的越冬病菌。落花后半个月，喷洒70%代森锰锌可湿性粉剂500倍液或80%炭疽福美可湿性粉剂800倍液、70%甲基硫菌灵可湿性粉剂1 000倍液，以上药剂与0.5：1：100硫酸锌石灰液或0.3度波美石硫合剂交替使用，效果更好。每半个月一次，共喷3~4次。

③加强管理。注意雨后排水，合理修剪，防治枝叶过密，减少发病。

④选择抗病（避病）品种。经常发病重的地方，可选栽早熟品种。

⑤果实套袋。落花后3~4周后进行套袋，防治病菌侵染。

⑤采后防腐。采后以多菌灵或特克多1 000毫克/公斤药液浸果，或用桃保鲜剂+桃保鲜袋低温贮藏。

4. 桃黑斑病

桃黑斑病在世界各地均有发生，主要发生低温贮藏时的桃果上。梨、樱桃等也易发病。

(1) 症状　病部可在果实任何部位发生。病斑较硬，略凹陷，表面有黑色孢子霉层。区分黑斑病和黑变病，需进行显微检查。

(2) 病原　为细链格孢。分生孢子梗更生，或数根束生，暗褐色；分生孢子倒棒形，褐色，3~6个串生，有纵隔膜1~2个，横隔3~4个。

（3）侵染途径　病菌在果园及贮藏场所有分布，通过空气传播，通常病菌从果面伤口侵入。

（4）防治方法

①雨后喷洒氯化钙，可减少果面裂口。

②采收时注意减少果面创伤。

③ 采后用杀菌剂保护。

5. 桃曲霉病

桃曲霉病基本上是一种在成熟桃上发生的烂果病。

（1）症状　感病果出现淡褐色、水渍状的病斑，接着在病斑表面出现白色菌丝，靠近中间部分菌丛变为黄黑色，病斑扩展很快。

（2）病原　病原菌是黑曲霉 Aspergillus niger V. Tieghem，属半知菌亚门，丝孢纲。分生孢子穗 灰黑色至黑色，圆形至放射状，直径 0.3 ~1 毫米；分生孢子梗顶囊球形，表面生小梗两层；分生孢子成熟时球形，初光滑，后变粗糙或有细刺，有色物质表面沉积成瘤状、条状或环状，有时产生菌核。

（3）发病条件　黑曲霉是一种喜温好湿的弱寄生菌。21 ~ 38℃的高温最有利于此菌的扩展，因而，此病常见于温热的地区。

黑曲霉的侵染需要伤口和很高的湿度。病菌的分生孢子存在于各种基质，甚至空气中，但只有果皮破裂或受损伤才受感染。

（4）防治方法

①收获时箱内铺纸，避免碰伤。

②发现箱中病果，尽快清除，以免传染。

③用含 TBZ 药剂的包果纸包果，或用桃保鲜剂 + 保鲜袋低温贮藏，可获得较好防病效果。

6. 桃灰霉病

（1）症状　灰霉病可危害花、幼果和成熟果。在成熟果实果面出现褐色凹陷病斑，很快整个果实软腐，长出鼠灰色霉层，不久在病部长出黑色块状菌核。

（2）病原　桃灰霉病菌为灰葡萄孢菌 Botrytis cinerea Pers，属半知菌亚门，丝孢纲的一种真菌。病部鼠灰色霉层即其分生孢子梗和分生孢子。分生孢子梗自寄主表皮、菌丝体或菌核长出，密集成丛；孢子梗细长分枝，浅灰色，顶端细胞膨大呈圆形，上面生出许多小梗，小梗上着生分生孢子，大量分生孢子聚集成葡萄穗状。分生孢子圆形或椭圆形，单胞，无色或浅灰色。菌核为黑色不规则形，剖视之，外部为疏丝组织，内部为拟薄壁组织。

（3）防治方法　参考桃黑霉病。

7. 李褐腐病

李褐腐病。又称李实腐病，危害李的花和果实，贮运期间的果实也可受害。

（1）症状　花器受害，病菌由花瓣尖端或柱头侵入，很快扩展到萼片和花柄，产生褐色的斑点，并在潮湿时产生灰色霉层，形成花腐。果实受害，初为褐色圆形病斑，几天内很快扩展到全果。果肉变褐软腐，表面生灰霉色霉层。

（2）病原　李褐腐病 Monilia fructicola（Wint）Honey. 属子囊菌亚门串孢盘菌属。其无性阶段（Monilia fructicola Poll.）为半知菌亚门串珠霉属。病部灰色的霉层，即病菌的分生孢子梗和分生孢子。分生孢子无色，单胞，卵圆形。分生孢子串生，着生在分枝或不分枝的分生孢子梗上。

（3）侵染途径　病菌主要在僵果上越冬。越冬的病菌在第二年4月雨水多时形成子囊孢子和分生孢子，侵染花形成花腐，侵染幼果形成果腐和落果，侵染新梢产生枝枯。尤其在近成熟期雨水多、发生裂果时，病害易流行。在氮肥过多的密植园发病多。有些感病品种在贮运过程中，靠接触传染，常引起大量烂果。

（4）防治方法　可参考桃褐腐病。

8. 樱桃黑霉病

樱桃黑霉病主要发生在樱桃运输及销售中。收获过晚时，在树上熟过的樱桃上也可发病。

（1）症状　发病果实变软，很快呈暗褐色软腐，用手触摸果皮即破，果汁流出。病害发展到中后期，在病果间表面长出许多白色菌丝体和细小的黑色点状物，即病菌的孢子囊。

（2）病原　引起这种腐烂病的病原是黑根霉 Rhizopus nigricans Ehrenb.，属接合菌亚门，接合菌纲。

（3）发生条件　黑根霉是一种喜湿的弱寄生菌，它很少通过果实无伤的表皮直接侵入，而是通过果实表面的伤口侵入的。因此，管理和采收、包装粗放的，容易为病菌提供侵入危害的条件。高温高湿的环境条件特别有利于病害的发生和发展。黑霉病菌发育适温为 15～25℃，10℃以下不发生。

（4）防治方法

①应适时采收果实，不要过熟采收。

②采收后应将果实运送到阴凉处散热，并将伤果和病果去除。

③采后及时预冷，采用樱桃在保鲜袋＋樱桃保鲜剂，0℃贮藏。

9. 樱桃灰霉病

（1）症状　该病可危害幼果及成熟果，受害果实变褐色，后在病部表面密生灰色霉层，最后病果干缩脱落，并在表面形成黑色小菌核。

（2）病原　病原菌为 Botytis cinerea Pers ex Fr，属半知菌亚门丝孢纲丝孢目。病原形态见“桃灰霉病”。

（3）侵染途径　病菌以菌核及分生孢子在病果上越冬，翌年春随风雨传播侵染。

（4）防治方法　参考樱桃黑霉病。

10. 冷害

由于桃、李等果实生长期间气温较高，其对低温有较高的敏感性，极易产生冷害。在1℃以下就会引起冷害。因此，在贮藏桃、李时，一定要注意冷库的管理。一般在0℃贮藏经3~4周，其果实易发生内部褐变。桃在1~2℃贮藏约40天也可发生褐变。先是果核附近的果肉褐变，逐渐向外蔓延，原有风味丧失。生产上有以下几种措施可防止果实褐变。

（1）*间歇加温贮藏*　将果实在-0.5~0℃贮藏2周，升温至18℃经2天，再转入低温下贮藏，如此反复处理。

（2）*气调贮藏*　在0℃左右，氧3%~5%、二氧化碳1%的气体条件下贮藏能减轻褐变的发生。若结合间歇加温的方法，可获得更好的效果。

（3）*两种温度贮藏*　即先在0℃贮藏2周左右，再在5℃（4.5~8℃）或7~18℃下贮藏。也可以在0℃下贮藏2~3周后，采用逐渐升温的方法贮藏。

（4）桃先在10~15℃下放置2~3天，再在0℃下贮藏。

桃、李贮藏寿命短的重要限制因素是冷害引起的果肉褐变与风味变淡。所以，生产者在进行桃李贮藏时，一定要加强贮藏过程中果实变化的检查工作，及时发现，及时处理。

11. 樱桃过熟衰老、褐变和异味

樱桃采后处理不当，极易过熟软化和衰老。湿度太低，温度过高，极易使果柄枯萎变黑，果实变软，皱皮与褐变，并引起大量腐烂。在气调（MA和CA）贮藏中，二氧化碳浓度过高（超过20%），往往引起果实褐变和产生异味。

（1）提高樱桃贮藏寿命的关键

①控制适宜低温：延缓衰老，防止腐烂。

②创造高湿：适宜高二氧化碳和低氧环境，减少干耗，抑制枯柄和褐变。

③采前药剂处理：防治腐烂病害。

（2）预防措施

①及时预冷。维持适宜低温贮藏（0～1℃）。

②提供高湿（90%～95%）贮藏环境。

③高二氧化碳（10%～15%）和低氧（3%～5%）气调贮藏。采用气调保鲜膜或硅窗气调保鲜袋贮藏（小包装形式），使二氧化碳浓度在10%左右能有效地防治褐变和产生异味（0℃条件下）。在气调贮藏过程中，一定要注意使二氧化碳浓度低于20%，以免引起二氧化碳伤害，并产生异味。一般处理愈及时，预冷降温愈快，贮藏效果愈好。

九、果蔬运输保鲜与销售

（一）果蔬的流通

1. 果蔬流通的发展及现状

果蔬的流通是指果蔬采收后从产地向销售地、从生产者向消费者流动的全过程。经过了这个过程，才能体现果蔬生产的真正意义和生产者的劳动价值。随着社会的进步，果蔬的流通对丰富菜篮子、提高生活质量起着越来越重要的作用。近年来流通的方式及观念发生了很大的变化，流通的范围也是越来越大。果蔬商品化生产是运输业兴起的社会因素。由于工业现代化的迅速发展，人口大量向大、中城市集中，吃商品果菜的人口日益增多。果蔬产销方式随着人口向城市集中，交通发达等社会经济条件的变化，逐渐从以城市或小地区为中心的自给消费型发展到依靠远离城市的主产地的运输消费型。发达国家果蔬的70%以上需远途运输，我国也在20%以上。

差价大是促进运输发展的经济因素。美国用干冰空运草莓到日本和中国香港，香蕉出口国用冷藏船并采取防腐和延迟后熟措施运输鲜香蕉，岛国新西兰靠冷藏船和冷藏集装箱出口猕猴桃，都赚取了大量的外汇，我国的南菜北运经济效益也很显著。

科学技术的进步是运输发展的技术因素。植物生理学的进步，塑料工业、制冷技术、气调技术和各种运输工具的发展，已能把果蔬运输环境，如温度、湿度和气体成分控制在最适条件。生产的地域性和季节性是运输发展的自然因素。果蔬的生产有地域性也有季节性，要使全国各地都得到多种多样的新鲜果蔬供应，运输流通是最有效的途径之一，出口外销的果蔬更需要通过有效的运输来完成。果蔬的流通比贮藏有更重要的意义。大家可以看到，近年来，除了葡萄、蒜薹等用于长期贮藏，其他果蔬长期贮藏量越来越少，但市场上供应的新鲜果蔬的品种却越来越多，品质越来越好。产生这种变化的原因主要有两个，一是由于生产方式发生了根本变化，普遍采用了保护地栽培等方法。例如，辽宁的盖县就可以生产出大棚油桃，春节后上市价格相当高。另一个原因就是流通带来了新的变化，这一点对水果的供应影响更大一些。

果蔬流通业的发达，使我们对传统的贮藏的概念发生了变化。现在的贮藏对大多数种类的果蔬来说，已不是为了延长供应期而简单的存放，而是流通销售环节的一部分，可长可短，根据市场、价格等因素决定；可在产地，也可在中转地或销售地进行，根据运输能力、销售能力等因素决定。当然，由于我国不同地域的发展水平不同，在有些地区仍然需要在特殊季节贮藏一定量的果蔬用于延长供应期，长期贮藏的作用不能忽视。

2. 新鲜果蔬的运输方向

果品蔬菜的运输都是从产地向销售地进行。在不同季节对不同产品进行不同方向的运输，呈现出一定的规律性，并随着各地生产和消费的变化发生变化。

在计划经济的时代就已经有了果蔬的运输，那时在北京，为了供应元旦和春节市场，每年都会在相应的时间用火车从厦门、湛江等地运输新鲜果蔬。近几年，果蔬运输事业在全国范围内得到了飞速发展。

每年的1～3月，是北方果蔬收获的淡季，蔬菜的运输方向主要是由南向北，而水果依种类南北方向均有。在福建、广东、海南等地对水果而言，此时广东、广西、福建、四川、湖南等地秋季收获贮藏的柑橘类水果大量北上，同时大量贮藏的苹果、梨、葡萄等由北方水果主要产区的辽宁、山东、陕西、山西等地向南方运输。

在此期间，最有特点的流向应该是由海南向附近的省份及北方大城市运输的反季节蔬菜和瓜果。产生的主要原因是价格差异，运输的主要品种有：冬瓜、苦瓜、丝瓜、豇豆、黄瓜、西瓜、香蕉、菠萝等。

4~6月，在前期北方还属于春淡季，蔬菜生产主要靠保护地，华中、华东地区正值梅雨季节，华南地区虽然气温迅速回升，但主要生产叶菜类蔬菜。在此期间，蔬菜运输量不大，一般是南方有一些花椰菜等蔬菜向北方运输。而在北方地区，气温逐渐回升，但各地的气温差异会造成同类蔬菜的收获时间不同，价格不同。所以，此时的运输一般是短距离的，数量大，同类蔬菜向同一销售地的运输时间相对集中。与蔬菜相同，在此期间的水果的流动量也不是很大，前期是延续贮藏果的运输，进入5月末以后，南方的鲜果开始上市，李子、桃开始由长江流域向南北运输。6月份华南的早熟荔枝开始上市，部分产品向北方运输。但桃和荔枝的采后保鲜期极短，运输条件要求很严，大都采取空运的方式，总的来说，运输量不大。

在每年的7~9月，气温比较高，南方地区的蔬菜生产容易受高温、台风等气候因素的影响，而在北方却是蔬菜生产收获的旺季。此时蔬菜的主要运输流向是由未受台风影响的地区向受台风影响严重的地区运输。

此时是多数水果的收获期，运输量也较大。主要是南方的荔枝、龙眼、香蕉、菠萝、早熟梅等，收获后大量向北方运输，而北方的桃、杏、葡萄等也大量南下，还有部分未完全成熟的苹果、梨等也开始进入市场。此时，还有一个有趣的运输现象是西瓜的运输，在早期是南方的西瓜成熟上市，同时向北方运输，而在后期，北方的西瓜大量成熟，并部分运输南下。另外，西北地区的一些特产水果也开始向东、向南运输。

10~12月，是水果运输的旺季，北方的苹果、梨、甜瓜等南下，而南方的香蕉等北上。在蔬菜上，后期已开始冬季南菜北运的流向。

此外，还有一些特殊的运输流向。如云南生产的高档水果蔬菜一年四季都在向各地运输。一些进口水果也从南方城市向全国扩散。这些运输以空运为多。还有一种近些年逐渐扩大的流向，那就是北京、山东、四川等地生产的蔬菜，多在5～10月南运，供应中国香港市场或转向新加坡、加拿大等国外市场。也有的经山东出口日本。虽然目前规模有限，但有发展前途。

3. 果蔬销售概况

作为新鲜果蔬的生产者，可通过多种方式对产品进行销售。他们可在各类市场直接将产品卖给消费者，也可通过中间商进行交易。目前另一个有发展前途的方式是出口蔬菜交易。随着近年来果蔬生产和流通的发展，产生了一批专门从事果蔬流通、营销的人员，他们承担风险，同时也从中获得可观的利润。

目前，大量水果蔬菜的销售主要还是通过各级批发市场进行。在主要蔬菜水果产地都形成了一定规模的批发市场，在果蔬需求量较大的城市也产生了大大小小的批发市场，主要由生产者或中间商进行销售。至于说果蔬的零售方式，也是多种多样，有传统的自由市场，也有近年来渐成规模的超市。在生产与零售之间，有的没有任何中间环节，即生产者就是销售者。在经济欠发达地区，个体生产者采用这种形式的较多。如在从化生产的蔬菜可在广州或香港市场销售此时产地也就是销售地。但在经济相对发达的地区，如广东省，已经出现直销形式，但经营的主体是一些具一定实力的公司，他们同样既是生产者又是销售者。他们采用先进的生产技术，产品的品质上乘，价格略高于或等同于同类产品，很受欢迎。但此时销售地不一定在产地。

就我国目前的销售方式看，在生产和零售之间基本存在一道或几道中间环节。主要是进行一般所说的贮藏、运输、批发等环节的运营。现在还有一种新的销售方式，称为配送，不同于普通的零售，它是根据客户需要，定期或不定期对客户进行上门销售，这种服务对贮运知识和营销信息及策略的要求比较高，经营得当时，利润也可观。随着现代果蔬产业的发展，大量果蔬的生产集中于有利气候、土壤及有适当灌溉的地区，为了保证国内市场及国际市场高质量、新鲜果蔬的供应，在每个主要果蔬产区都应尽可能采用快速及控制环境的方法对果蔬产品进行运输保鲜。由此带动世界范围现代果蔬运输业日益发展，并用现代贮藏方法及运输设备周年供应全国市场和出口。

对果蔬提供运输保鲜是一个复杂问题。要把各个不同季节及不同地区的气候环境下生产的果蔬运到各地市场，必须满足各种果蔬在运输中的特殊要求。为满足这些要求，运输车辆必须绝缘良好以减缓内部所受的影响；必须装置适当的冷藏或加热设备；还必须控制好湿度和气体成分；以维护产品在车箱内接近最适的保存环境。

4. 果蔬运输的发展

目前果蔬运输的主要形式有铁路、公路、水运和空运：发展中国家在发展公路运输的同时，也大力发展铁路运输。在发达国家，铁路运输发展变缓，甚至出现萎缩；主要依靠和发展高速公路运输。

运输工具由普通型向控温、控湿和控制气体成分的类型发展。

装卸工具发展很快，人工装卸向着现代化装卸工具发展。如大量采用起重工具（起重机、复滑车和叉车等）、皮带传送机、气动输送器和螺旋式输送器等。

装载形式向着托盘化和集装箱化发展。托盘化和集装箱化能明显降低搬运成本，减少装卸人员和时间，并降低果蔬运输的风险。包装容器的规格化使得装卸变得容易进行和更能有效地利用运输工具的空间。组织管理完善化使得果蔬运输工作一环扣一环地进行。

5. 我国果蔬运输存在的问题

目前冷链系统不健全，缺乏冷藏运输工具。冷链是以现代制冷技术为基础，在果蔬的加工、流通和消费过程中，创造合适的低温环境，以期最大限度地保持果蔬的质量。因此，冷链是跨越产、供、运、销、需各部门的一个保鲜流通系统。

现行许多包装物仍不利于果蔬流通和保持商品质量。长期以来，我国果蔬产品多数采用编织袋、大竹箩筐、柳条筐、木条箱作为包装容器。近年，有部分改用瓦楞纸箱和塑料袋包装，对保护果蔬产品、减少机械损伤起了良好的作用。如果采用改性聚乙烯膜（加有保鲜剂和有一定透气、透水性），或在瓦楞纸箱内再加衬垫和保鲜剂等，将进一步减少对果蔬商品的损伤，保持良好的商品性状。

低温流通的温度范围基本上与低温贮藏的适温相同，但实际上保持某一固定温度是困难的。在低温运输期间，产品随运载工具一起运动，外界环境不断改变，因此常会出现变温或短时间的低温中断等等。另外，从整个低温流通系统看，各环节之间也很容易出现变温及低温中断情形，在某种意义上说这是不可避免的。因此，要有一个温度变化范围，在此范围内也能收到相同的低温效果。每个环节延续的时间长短与保鲜所允许的温度变化范围相关，时间短允许变动的温度可以高些。为此，1963 年国际制冷学会对果蔬低温运输的适温范围提出了一个参考数字，虽然这些数据因品种及栽培条件不同而有差异，但仍是一份重要的资料，1974 年修订如（表 11）。规定要求温度低的果蔬，运输时间超过 6 天者要与低温贮藏的适温相同。

从运输工具的冷却方式看，各种冷却方式都有自己的优点与不足。对果蔬来说冷却费用低，温度设计幅度宽的机械冷却方式，并能装配在汽车上是较为理想的。有的国家在运输果蔬中使用干冰降温，这种方式虽然能收到一定的降温效果，但二氧化碳浓度过高易使果蔬发生生理病害。

表 11　新鲜水果蔬菜低温运输的推荐温度（国际冷冻协会 1974 年推荐）

果实	冷链运输温度（℃）		蔬菜	冷链运输温度（℃）	
	1~2 日	2~3 日		1~2 日	2~3 日
苹　果	3~10	3~10	石刁柏	0~3	0~2
蜜　柑	4~8	4~8	菜　花	0~8	0~4
甜　橙	4~10	2~10	甘　蓝	0~10	0~6
柠　檬	8~15	8~15	苔　菜	0~8	0~4
葡萄柚	8~15	8~15	莴　苣	0~6	0~2
葡　萄	0~8	0~6	菠　菜	0~5	未推荐
桃	0~7	0~3	辣　椒	7~10	7~8
杏	0~3	0~2	黄　瓜	10~15	10~13
李	0~7	0~5	菜　豆	5~8	未推荐
樱　桃	0~4	未推荐	食用豌豆	0~5	未推荐
西洋梨	0~5	0~3	南　瓜	0~5	未推荐
甜　瓜	4~10	4~10	番茄（未熟）	10~15	10~13
草　莓	1~2	未推荐	番茄（成熟）	4~8	未推荐
菠　萝	10~12	8~10	胡萝卜	0~8	0~5
香　蕉	12~14	12~14	洋　葱	-1~20	-1~13
板　栗	0~20	0~20	马铃薯	5~10	5~20

海上运输常用冷藏船，是一种低成本的运输方式。但由于装载量大，每一船舱装 1 000 吨以上，冷却速度较慢，温差也大。近来海运多改用小的间隔的冷藏舱或冷藏集装箱，这种形式的温度条件与冷藏汽车基本相同。

（二）果蔬的运输方式

世界范围内交通运输业，按交通线路的种类来分，有铁路运输、公路运输、水路运输、航空运输等四种基本的运输方式，分别采用火车、汽车、轮船、飞机等现代化运输工具和木帆船、畜力车、人力车、马帮等传统的民间运输工具。随着交通运输和工农业生产的发展，各种运输方式的运输量都有不同程度的增长，其结构也在不断地发生变化。在进行果蔬的运输时，要根据现有各种运输方式的分工、结构和特点，结合不同农产品的生物学特性、运输距离的远近，以及购销任务的缓急，合理地选择和使用不同的运输工具和运输方式，以确保果蔬运输任务的完成和合理的经济负担。

1. 各类运输方式的特点和作用

在选择和利用果蔬运输方式和工具之前，首先要充分了解每种运输方式和工具优缺点。

（1）铁路运输　铁路运输是国民经济的大动脉，也是主要的现代化运输方式之一。在各种运输方式中，铁路承担着全国货运量 1/2 的任务，担负着长途运输的重要任务。它与水路、公路干线和短途运输相衔接，把全国各个地区和边疆联结成一个整体，对于加强城乡之间联系，促进工农业生产的发展，起着重要的作用。

（2）公路运输　公路运输（一般指汽车运输）是很重要的一种运输方式。公路运输主要是地区性的运输，地区公路网与铁路和水路干线相配合，构成了全国性的综合性运输体系。公路运输四通八达，深入广大城乡，担负着农产品的短距离集散任务和某些农产品的中距离运输任务。现在，不少经济发达国家已建立了高度发达的高速公路网，利用货运汽车把产地的各类农产品包括新鲜果蔬，及时运输到市场销售，对农产品特别是易腐农产品的周年供应起到了重要作用。

（3）水路运输　水路运输可分为海上运输与内河运输两种，海上运输有近海运输和远洋运输之分。近海运输担负着国内各港口之间的货物运输任务；远洋运输担负着本国港口与外国港口的运输任务；内河运输担负着国内各地区之间的运输任务。

（4）航空运输　航空运输是一种最先进的运输方式，具有广阔的发展前途，在为工农业生产服务方面已显示出它的优越性，但目前在我国商品运输方面占的比重还较小。今后随着工农业生产的发展和人民生活的改善提高，民用航运事业将会有较大的发展。

(5) 集装化运输　集装化运输，是农产品运输现代化的一项重要措施，也是开展农产品合理运输的重要途径。所谓集装化就是集零为整，将散装商品、小件包装商品以及一切不易用机具进行装卸作业的商品，集合成具有一定体积、重量和形状的运输单元，以便进行机械化、自动化装卸和运输。集装化运输具有安全、迅速、简便、经济的特点，是21世纪运输业的一项重大改革，也是世界各国商品运输的发展趋势。

集装化运输是世界运输史上的一次革命。它的普及和发展证明，在保证商品安全，节约包装费用，挖掘运输潜力，提高运输效率，简化作业程序，加速商品周转，改善劳动条件，以及减少环境污染等许多方面，都有相当明显的经济效益和社会效益。

2. 运输的辅助措施

外部条件包括运输包装、码垛形式和垛的大小、产品的混装、温度记录仪和厢体的清洁卫生等。

(1) 运输包装　运输包装的设计、建造和使用常常会发生变化。包装开孔不足（主要是纸箱和大型聚乙烯袋）将妨碍足够的空气在产品周围流动，进而影响有效的温度管理；在坚固、紧实的码垛中更易发生这种情况。强度不足的纸箱部分坍塌，将形成坚实的货物群体，这会完全妨碍循环空气进入垛内。与强度大的包装相比，强度不足的包装更易受到粗放搬运的损坏。

(2) 码垛方式和垛的大小　这些都影响产品运输温度的管理。货垛的内部和周围必须有开放的空气通道，根据车箱（集装箱）内冷空气的走向，或是垂直的，或是纵向水平的，与其配套。一般可通过包装件在托盘或滑纸垫上成组装载实现这一目的；亦可用各种类型的货物安全栅栏、支柱等，以维持货垛的完整性。

货物尺寸、重量和紧度的增加，会使适宜的运输温度维持变得困难，特别是装车前未被适当预冷的产品，更容易发生这个问题。超载同样严重妨碍车内空气循环，从而造成运输期间产品的温度升高。

在炎热或非常寒冷的天气中，货物应托盘化或放在木架上，要离开侧壁码垛，以防止壁槽或底层部位过分升温或结冻。

(3) *产品的混装* 在混装的情况下，维持最适产品温度是困难的，特别是在同时装有几种果蔬时，就更困难。当要求最适贮藏温度不同的果蔬一起运输时，通常要使用妥协的运输温度，以保护这些果蔬中最易腐的或最有价值的产品。在混装的情况下，某些产品没有预冷或在装车前预冷不足。混装货物在装车期间，门的频繁打开将造成已经装入的产品升温或冷却。而且混装时，包装产品的包装物大小和形状不同，包装件数量不同，在车内的装载形式和装载部位不同，这些差异通常导致货物间通风间隙不规矩，妨碍车内空气的循环，从而影响运输温度的管理。

(4) *温度记录仪* 许多运输者把温度记录仪放在载有货物的每一个运输工具内。温度计在拖车内一般放在侧壁长度的3/4处，或朝后的货堆顶部。在列车内放在靠近门的侧墙高处。在这些位置，温度计仅能测定和记录特定位置的气体温度，并指导制冷系统运行；而不能测定和记录货堆内的产品温度。

（三）果蔬运输保鲜的管理

果蔬运输保鲜的管理好坏，对果蔬能否从产地成功地运输到目的地，起着非常关键的作用。运输工具是硬件、管理是软件，好的硬件和好的软件完美的结合非常重要。

1. 果蔬运输管理的基本要求

果蔬是生物产品，在流通贮运中要根据其特点提供适宜的条件，管理的基本要求是：快装、快运、快卸；轻装、轻卸，防止机械伤害；防热、防冻、防晒、防淋。温度管理方面特别要注意预冷、码垛和空气循环。

(1) 安全运输、快装快运　果蔬是鲜活易腐农产品，需要优先调运，不能积压、堆积；而且在整个贮运过程中要防热、防冻、防晒、防雨淋。为了保持果蔬优良的商品价值，延长货架期，需根据各类产品的生物学特性及其采后生理指标，尽可能达到其最适的贮运条件和环境要求。对不能立即调运的产品，应在车站码头附近选择条件适宜的库房暂存、中转。

(2) 精细操作、文明装卸　野蛮装卸运输是农产品损失浪费最直接因素之一。质地鲜嫩的果蔬更需要精细操作，倍加爱护，做到轻装轻卸，杜绝野蛮装运。应严格实施装卸责任制和破坏赔偿罚款制度，并加强职工的素质教育和商品贮运性能的宣传培训，采取必要的行政和法制手段，以保证果蔬的运输质量。

(3) 环境适宜，防热防振动　在进行果蔬运输时，应根据不同种类和品种的特性，提供适宜的温度、湿度以及气体成分等运输条件，并防止过度振动和撞击，以防止品质劣变和败坏。运输的温度过高，会引起果蔬呼吸加剧，营养物质消耗增多，病虫害蔓延，加速腐败变质；反之，温度过低则易产生冷害或冻害。此外，温度过高过低也易导致果蔬失重失鲜，甚至腐败变质。

(4) 合理包装、科学堆码　运输过程使果蔬处于动态不平衡状态，因此，产品必须有科学合理的包装和堆码使其稳固安全。包装材料和规格应与产品相适应，做到牢固、轻便、防潮，且利于通风降温和堆垛。一般果菜等可用品字形，井字形装车堆码法，篓、箩、筐多用筐口对扣法使之稳固安全，且有利于通风和防止倒塌，并能经济利用空间，增加装载量。

2. 果蔬运输前的准备工作

果蔬从产地运输到销地后，一部分在产地已进行了精细的零售包装，可直接投放到超级市场销售；一部分由大包装运来，需在销地进行零售包装后再投放到市场销售；一部分不经过小包装，以散货的形式投放到市场的货架上销售。果蔬不管以何种形态投放到市场，其在运输前都要进行处理、包装和预冷等一系列准备工作。

(1) 运输前的处理和包装

①采收：采收的时期和方式的确立与产品的成熟度和天气预报有关，也与产品处理方式、速度和商业、工业使用目的有关。如一种过熟的产品不能用机械处理，也不能运输到远距离市场。

②交货和验收：为了把货交给处理场，第一阶段的运输成为必需。一般由农用拖拉机或普通的卡车把盛果蔬的采收容器运到处理场。采收容器多为小型或中型的木箱子，但使用塑料箱会更好。箱子的大小要根据产品的柔嫩性而定，越柔嫩的果蔬，箱子越要选小。交货时要由有经验的工作人员对该批货物进行质量评价，即验等级。

③倒箱：由人工或机械完成这一工作。如葡萄和一些蔬菜需用手从箱子取出后挑选包装，大多数产品可倒在传送带上或水槽里。

④洗涤和挑选：各种产品在挑选前洗涤。有时洗涤时结合化学处理（苹果、梨）和脱毛（桃）。洗涤时可继续清理工作，去根和摘叶（芹菜、刺菜蓟）。一些产品洗涤后需进行干燥处理。挑选去掉不合格的产品。

⑤分级：由人工或机械对产品进行重量分级、大小分级和颜色分级。

⑥各种处理：用物理的、化学的方法处理，目的在于预防植物病害和延缓衰老。处理可在挑选前、挑选后或甚至在包装后进行。另外，还可进行美容处理以改善产品的外观，如柑橘的染色，柑橘、葡萄柚、苹果的涂蜡等。

⑦包装：产品普遍进行预包装（零售包装），以满足超级市场的需求，通常标有重量和价格。预包装的产品再放在大包装内，然后进行托盘化。也有不进行预包装而直接放在大包装箱内，产品可放单层或双层。传统包装机械化并不普及，而在预包装得到了广泛的应用。一些产品（如葡萄）的包装内放有化学

药剂，在远距离运输中释放挥发性的化学物质以杀菌，包装可一件一件装在运输工具上，也可托盘化后再装在运输工具上。

（2）运输前产品的保藏　包装后的产品一般要放入冷藏库贮藏以等待装车发运。更经常的是果蔬包装后进行预冷（用不给包装带来损害的方式），或进行其他的处理，如葡萄的硫处理。在冷藏库安排临时贮藏是很有用的，因它既可消除田间热，又可消除代谢热。当不安排冷藏库时，至少要把果蔬贮藏在凉爽和通风的环境，要协调采收、采后处理和装车工作，以便在可忍受的范围内限制等待时间。

（3）预冷　果蔬预冷的方式很多，主要包括冷库预冷、冰块预冷、冰水预冷、差压预冷、真空预冷等。预冷速度最快的真空预冷适合于叶菜类以及表面积大的蔬菜和花卉的预冷。差压预冷速度也较快，但是预冷设施复杂，不适合于我国甜樱桃的小量贮运。冰块降温、冰水降温以及冷库降温成本低，适合目前我国的国情。

1999年我们以红灯为试材研究了冰块预冷对樱桃品质的影响。樱桃采后直接在樱桃箱中放入冰块（冰块用薄膜包装），放冰量每5公斤樱桃放1公斤冰块。对照直接装箱，4小时后入冷库（0℃）预冷贮藏。MAP贮藏2个月后，预冷果实腐烂率、果柄褐变率明显低于对照（表12）。

表12　冰块预冷对甜樱桃贮藏品质的影响

处理	腐烂率%	果柄褐变率%
冰块 ice bar	5.42　b_1	1.56　b_2
对照 ck	15.20　a_1	3.42　a_2

注：字母不同表示差异显著，差异显著水平 $P=0.05$

采后迅速降温对于甜樱桃的运输和贮藏是有利的，它能够明显降低贮藏和运输中失水率和果柄褐变率，保持果实硬度和品质。反光膜覆盖是一种在果实收购和运输过程中容易实施、有效降低果实采后品温的方法，值得推广应用。冰水预冷可以作为樱桃预冷的一种方法。

预冷是一种物理处理，采后通过预冷可快速地消除产品的田间热，直至达到贮藏运输要求的温度。预冷既可在采后加工整理前进行，又可在加工整理期间进行，也可在加工整理后进行。预冷因所采用系统不同，产品由环境温度降到保藏温度所需时间也不同，一般约需 40 分钟到几个小时，多至十几个小时（有特殊要求的品种除外）。

预冷系统分为：冷水预冷、强制冷空气预冷、真空预冷和层冰预冷等。预冷的目的是①降低产品呼吸强度，延缓产品成熟和衰老，延长采后加工整理时间，延长产品的货架寿命和流通销售期；②降低果蔬对采后侵染性病害的敏感性；③降低产品的失水和失重。实践证明，预冷对产品的生理效应特别明显，已引起商业领域广泛的兴趣。

需要强调指出的是：运输工具所装的制冷设备其制冷能力有限，主要是为了保持温度而不是降温；所以，要把田间温度下装入的货物，冷却到贮运要求的温度，需要很长时间。在整个运输期间，未预冷的产品的成熟和衰老进程要比预冷的快得多。例如，经过预冷后再运输，桃可减少 17% 的过熟果，李子可减少 12%，甜瓜可减少 6%。

当观察运输工具制冷设备的运行时，可能发现开机几个小时，温度计的显示部就已达到要求的温度。这表示运输工具内循环空气的温度已达到或几乎达到要求的温度；但未经预冷的产品体温仍然很高，因为他们的降温速度是非常缓慢的。

经过预冷的产品，如果暴露在外部较高的气温中，可引起水蒸气的凝结，在产品表面形成水膜。这种水分可促进侵染性病害的发生。要避免和抑制凝水现象的出现，应采取以下几种技术措施：①装货速度要快，装货期间应尽可能减少产品在空气中的暴露时间；②当条件允许时，要在与冷库连接的缓冲部位（缓冲间）装货（此部位环境温度比外部低）；③用塑料膜临时保护产品，这样凝结水先沉积在膜的表面上；④设置“冷袖子”，在运输工具与冷库隔开处创造一个控制适宜温度的通道。

运到目的地市场同样特别要注意这方面的问题，在低温下经过长时间运输后，要避免到达目的地后短时间内就发生温度剧烈变化，这样会严重影响销售效果。因此，要确保在适当范围内维持“冷链”的原则。

（4）装卸工具　现代化装卸应有科学先进的装卸搬运工具，推广使用货物传送带、叉车、电瓶车、起重车以及船用浮吊等设备，对改善搬运装卸条件，提高工作效率具有重要作用。

参考文献

1. 周山涛. 果蔬贮运学. 北京：化学工业出版社，1998

2. 李家庆. 关于我国农产品保鲜发展战略的思考. 农业科技管理，1999（8）：32～35

3. 李家庆. 果蔬保鲜手册. 北京：中国轻工业出版社，2003

4. 张家延等. 中国果树志李卷. 北京：中国林业出版社，1998

5. 刘兴华，饶景萍. 果品蔬菜贮运学. 西安：陕西科学技术出版社，1998

6. 胡安生等. 水果保鲜及商品化处理. 北京：中国农业出版社，1998

7. 赵晨霞，张华云等. 果蔬贮藏运销技术. 北京：中国农业出版社，2000

8. 田勇等. 果品贮运病害及其防治. 农村青年编辑部，1998

9. 胡小松等. 蔬菜贮藏保鲜使用技术. 北京：科学普及出版社，1992

10. 吴禄平等. 甜樱桃无公害生产技术. 北京：中国农业出版社，2003

11. 赵家禄，黄清华，李彩琴. 小型果蔬气调库. 北京：科学出版社，2000

12. 高福成. 现代食品工程高新技术. 北京：中国轻工业出版社，1999

13. 韩东海等. 用紫外线自动检测柑橘损伤果的研究. 农业机械学报，1999（1）：10

14. 时光春. 中华寿桃栽培新技术. 北京：台海出版社，2000

15. 李秀杰等. 桃树设施栽培. 北京：中国林业出版社，1998

16. 高海生等. 果蔬贮藏加工学. 北京：中国农业科技出版社，1999

17. 王少敏等. 杏推广新品种图谱. 济南：山东科学技术出版社，2002

18. 邱强等. 原色果品蔬菜贮运病害图谱. 北京：中国科学技术出版社，1996